全国电力技能人员培训用书

全国电力继续教育规划教材

U0393807

用电检查

主编　柏吉宽
编写　刘　庆　林龙凤　张　蓉
主审　谷昊霖

中国电力出版社
CHINA ELECTRIC POWER PRESS

内 容 提 要

本书注重工作实用性，从用电检查作业实际出发，紧紧围绕用电检查的作业标准，分别对用电检查作业、图纸审核、中间检查、竣工检查、违约用电、窃电查处、客户电气事故调查等方面进行介绍，以案例分析形式加强对岗位任务的深入讲解，用以提升在岗人员的基本业务能力和作业素质。本书通俗易懂，力求贴近实际，简明、直观，有利于自学。

本书不仅可作为新入职员工、转岗人员岗前培训教材，也可作为在职变电运行人员培训作业指导书，还可作为电力工程类职业院校现场技能学习的参考书。

图书在版编目（CIP）数据

用电检查/柏吉宽主编. —北京：中国电力出版社，2013.12
（2018.9 重印）
全国电力继续教育规划教材
ISBN 978 - 7 - 5123 - 5241 - 4

Ⅰ.①用… Ⅱ.①柏… Ⅲ.①用电管理—继续教育—教材
Ⅳ.①TM92

中国版本图书馆 CIP 数据核字（2013）第 279430 号

中国电力出版社出版、发行
（北京市东城区北京站西街 19 号　100005　http://www.cepp.sgcc.com.cn）
北京雁林吉兆印刷有限公司印刷
各地新华书店经售

*

2013 年 12 月第一版　　2018 年 9 月北京第九次印刷
787 毫米×1092 毫米　16 开本　10.5 印张　248 千字
定价 **26.00** 元

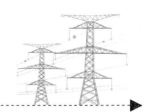

前　言

　　为提高用电检查人员的岗位胜任能力，有效开展用电检查工作，由广东电网公司市场部牵头，广东电网公司教育培训评价中心根据《中国南方电网有限责任公司用电检查工作管理标准》、《广东电网公司市场营销班组一体化专业手册》、《广东电网公司用电检查作业指导书》、《广东电网公司用电检查管理规定》等文件要求，组织编写了本教材。

　　本教材注重实用性，从用电检查工作的实际出发，紧紧围绕用电检查作业标准，分别对用电检查作业、图纸审核、中间检查、竣工检查、违约用电、窃电查处、客户电气事故调查等方面进行介绍，以案例分析形式加强对岗位任务的深入讲解，用以提升在岗人员的基本业务能力和从业素质。

　　本教材共分九章，其中第一、四、五、六、七章由柏吉宽负责编写，第二、三章由林龙凤负责编写，第八章由刘庆负责编写，第九章由张蓉负责编写。全书由柏吉宽担任主编，由谷昊霖主审。

　　本教材在编写过程中得到珠海供电局同仁的大力帮助，同时广东电网公司用电检查部门专家王洁鹏、陈幼军、李伟东、乐志凯、钟秀超、廖曼宁、关镜尧等对教材提出了宝贵意见和建议。在此，对以上单位和专家表示衷心的感谢！

　　由于时间仓促，编者水平有限，教材中疏漏和不足之处在所难免，恳请读者批评指正。

编　者

2013.10

目　　录

第一章 用电检查概述

第一节 用电检查工作的依据和作用

用电检查是指供电企业为了维护正常的供用电秩序，保障供用电安全，以国家有关电力供应与使用的法律法规、方针、政策和电力行业标准为准则，安排用电检查人员对用电客户的安全用电、合法合规用电，实施专业性检查的全过程。用电检查内容主要包括日常用电检查，专项用电检查，窃电及违约用电的查处，客户电气事故调查，客户电气工程的设计审查、中间检查、组织竣工检验及送电等。

根据《中华人民共和国电力法》第三十三条"供电企业查电人员和抄表收费人员进入用户，进行用电安全检查或者抄表收费时，应出示相关证件。用户对供电企业查电人员和抄表收费人员依法履行职责，应当提供方便。"由此可知，开展用电检查工作是国家电力法律法规赋予电网经营企业的权利和义务。通过开展用电检查可以规范正常的供用电秩序，营造良好的供用电环境，提升供电企业的服务水平。供电企业的用电检查员不仅是供电企业与用户之间沟通的桥梁和纽带，更应肩负起指导用户做好计划用电、节约用电和安全用电的责任，同时要对电力违法行为依法进行查处。

第二节 用电检查的内容与范围

一、用电检查的内容

用电检查的工作内容主要包括客户安全用电检查，合法合规用电检查；业扩环节中的图纸审查、中间检查、竣工检验；客户电气事故的调查等。

用电检查实施步骤的主要环节包括工作计划制定、工作准备、现场检查、资料归档等。

二、用电检查的范围

用电检查的主要范围是用户受电装置，但被检查的用户有下列情况之一者，检查的范围可延伸至相应目标所在处。

(1) 有多类电价的。

(2) 有自备电源设备（包括自备发电厂）的。

(3) 有二次变压配电的。

(4) 有违章现象需延伸检查的。

（5）有影响电能质量的用电设备的。

（6）发生影响电力系统事故需作调查的。

（7）用户要求帮助检查的。

（8）法律规定的其他用电检查。

第三节　用电检查人员的职责和资格

一、电网经营企业用电检查人员的职责

各跨省电网、省级电网和独立电网的电网经营企业，在其用电管理部门应配备专职人员，负责网内用电检查工作。其职责如下。

（1）负责受理网内供电企业用电检查人员的资格申请、业务培训、资格考核和发证工作。

（2）依据国家有关规定，制订并颁发网内用电检查管理的规章制度。

（3）督促检查供电企业依法开展用电检查工作。

（4）负责网内用电检查的日常管理和协调工作。

二、供电企业用电检查人员的职责

供电企业在用电管理部门配备合格的用电检查人员和必要的装备，依照《用电检查管理办法》的规定开展用电检查工作。其职责如下。

（1）宣传贯彻国家有关电力供应与使用的法律、法规、方针、政策以及国家和电力行业标准、管理制度。

（2）负责并组织实施下列工作。

1）负责用户受（送）电装置工程电气图纸和有关资料的审查。

2）负责用户进网作业电工培训、考核并统一报送电力管理部门审核、发证等事宜。

3）负责对承装、承修、承试电力工程单位的资质考核，并统一报送电力管理部门审核、发证。

4）负责节约用电措施的推广应用。

5）负责安全用电知识宣传和普及教育工作。

6）参与对客户重大电气事故的调查。

7）组织并网电源的并网安全检查和并网许可工作。

（3）根据实际需要，定期或不定期地对客户安全用电、节约用电、计划用电状况进行监督检查。

三、申请用电检查人员必备的条件

（1）申请一级用电检查资格者，应已取得电气高级工程师或工程师、高级技师资格；或者具有电气类相关专业大专以上文化程度，并在用电岗位上连续工作5年以上；或者取得二级用电检查资格后，在用电检查岗位工作5年以上者。

（2）申请二级用电检查资格者，应已取得电气工程师、助理工程师、技师资格；或者具有电气相关中专以上文化程度，并在用电岗位连续工作 3 年以上；或者取得三级用电检查资格后，在用电检查岗位工作 3 年以上者。

（3）申请三级用电检查资格者，应已取得电气助理工程师、技术员资格；或者具有电气相关专业中专以上文化程度，并在用电岗位工作 1 年以上；或者已在用电检查岗位连续工作 5 年以上者。

四、各级用电检查人员的工作范围

（1）三级用电检查员仅能担任 0.4kV 及以下电压受电的用户的用电检查工作。

（2）二级用电检查员能担任 10kV 及以下电压供电用户的用电检查工作。

（3）一级用电检查员能担任 220kV 及以下电压供电用户的用电检查工作。

五、聘任的用电检查人员应具备的条件

（1）作风正派，办事公道，廉洁奉公。

（2）已取得相应的用电检查资格。聘为一级用电检查员者，应具有一级用电检查资格；聘为二级用电检查员者，应具有二级及以上用电检查资格；聘为三级用电检查员者，应具有三级及以上用电检查资格。

（3）经过法律知识培训，熟悉与供用电业务有关的法律、法规、方针、政策、技术标准及供用电管理规章制度。

第四节　对用电检查人员的要求

用电检查工作涉及面广、工作内容多、政策性强，同时技术业务复杂，工作重要，责任重大。因此，对用电检查人员自身素质的要求也很高，除了要具备丰富的专业知识外，还应具备良好的思想道德品质，并且熟悉国家有关用电工作的法规、方针、政策、标准、规章制度，具有良好的政策理解水平。下面分别从几个方面予以说明。

一、用电检查人员应具备的专业知识

1. 电工基础理论及知识

（1）电机、变压器、高低压开关、操动机构、电力电容器、避雷器的原理、结构、性能。

（2）高压电气设备的交接与预防性试验。

（3）电能表、互感器的原理、结构、接线及倍率计算。

（4）一般适用的电气设备，如电焊机、电弧炉、机床等的用电特性。

（5）主要用电行业的生产过程和用电特点。

（6）继电保护与自动装置的基本原理。

2. 节约用电和安全用电的基本知识

（1）合理与节约用电的一般途径。

（2）改善功率因数的方法、单位产品耗电量的计算。

(3) 所辖区域的电气系统结构图和接线图。

3. 技能要求

(1) 能讲解一般的电气理论知识。

(2) 能检查发现高、低压电气设备缺陷及不安全因素。

(3) 能现场处理电气事故，并能分析判断电气事故的原因和指出防止事故的对策。

(4) 能看懂客户电气设计图纸，包括原理图、展开图、安装图等。

(5) 能看懂电气设备的交接与预防性试验报告。

(6) 能绘制客户的一次系统接线图。

(7) 能正确配备客户的电能计量装置，并能发现错误接线和倍率计算的差错。

(8) 会使用万用表、绝缘电阻表、电流表、电桥、功率因数表等常用电工仪表，会使用秒表测算负荷。

(9) 能指导客户开展安全、合理与节约用电及提高功率因数的工作。

(10) 能发现客户的违约用电和窃电。

(11) 能依照有关规定签订供用电合同。

(12) 能根据现场检查情况撰写用电检查报告。

二、用电检查人员应熟知《中华人民共和国电力法》等电力法律法规

1. 电力法律法规

(1)《中华人民共和国电力法》。

(2)《电力供应与使用条例》。

(3)《用电检查管理办法》。

(4)《居民用电家用电器损坏处理办法》。

(5)《供电营业规则》。

(6)《电网调度管理条例》。

(7)《电力设施保护条例》。

(8)《供电监管办法》。

2. 相关法律法规

熟悉《中华人民共和国经济合同法》、《中华人民共和国涉外经济合同法》、《中华人民共和国计量法》等相关法律中有关条款。

三、用电检查人员应熟悉的电力技术国家标准和行业标准

1. 设计技术标准

《交接电气装置的接地》(DL/T 621—1997)

《供配电系统设计规范》(GB 50052—2011)

《10kV 及以下变电所设计规范》(GB 50053—1994)

《低压配电设计规范》(GB 50054—2011)

《35～110kV 变电所设计规范》(GB 50059—1992)

《3～110kV 高压配电装置设计规范》(GB 50060—2008)

《电力装置的继电保护和自动装置设计规范》（GB 50062—2008）

《并联电容器装置设计规范》（GB 50227—2008）

《电力设备过电压保护设计技术规范》（SDJ 7—1979）

《电测量仪表装置设计技术规范》（SDJ 9—1987）

说明：DL/T 为电力行业标准，GB 为国家标准，SDJ 为部颁技术规程。

2. 施工验收技术标准

《电气装置安装工程 电气设备交接试验标准》（GB 50150—2006）

《电气装置安装工程 接地装置施工及验收规范》（GB 50169—2006）

《电气装置安装工程 电缆线路施工及验收规范》（GB 50168—2006）

《电气装置安装工程 盘、柜及二次回路结线施工及验收规范》（GB 50171—1992）

《电气装置安装工程 蓄电池施工及验收规范》（GB 50172—2012）

《电气装置安装工程 35kV 及以下架空电力线路施工及验收规范》（GB 50172—2012）

《电气装置安装工程 高压电器施工及验收规范》（GBJ 50147—2010）

《电气装置安装工程 电力变压器、油浸电抗器、互感器施工及验收规范》（GBJ 50148—1990）

《电气装置安装工程 母线装置施工及验收规范》（GBJ 50149—2010）

3. 电业安全工作

《电业安全工作规程（发电厂和变电所电气部分）》（GB 26860—2011）

《电业安全工作规程（电力线路部分）》（DL 409—1991）

《电业生产事故调查规程》（DL 558—1994）

《农村低压电气安全工作规程》（DL 447—2001）

《农村安全用电规程》（DL 493—2001）

4. 运行技术标准

《电力变压器运行规程》（DL/T 572—1995）

《架空配电线路及设备运行规程（试行）》（SD 292—1988）

《电力设备预防性试验规程》（Q/CSG—2011）（南网企业标准）

《架空送电线路运行规程（试行）》

《电力电缆运行规程》

《继电保护及安全自动装置运行管理规程》

《农村低压电力技术规程》（DL/T 499—2001）

5. 电能质量标准

《电能质量 电力系统频率允许偏差》（GB/T 15945—1995）

《电能质量 供电电压允许偏差》（GB/T 12325—2003）

《电能质量 电压允许波动和闪变》（GB 12326—2000）

《电能质量 三相电压允许不平衡度》（GB/T 15543—1995）

《电能质量　公用电网谐波》(GB/T 14549—1993)

6. 合理用电技术标准

《企业设备电能平衡通则》(GB 8222—1987)

《产品耗电量定额制定和管理导则》(GB/T 5623—2008)

四、用电检查人员应掌握电网的结构和保护方式

（1）组成电网的各种电压等级及容量的变电所和各种不同电压等级及长度的电力线路的情况。

（2）电力系统接线。

（3）电网与用户的设备分界点。

（4）电网采用的主要保护方式及所辖用户继电保护。

（5）常用电网参数和定值。

五、用电检查人员应了解主要用电行业的生产过程和用电特点

1. 生产过程

（1）生产工艺流程。

（2）主要物理、化学反应过程。

（3）原材料及其用途。

（4）主要设备的规格和容量等。

2. 用电特点

（1）各生产工序用电比例。

（2）主要设备的用电情况、单位产品耗电量。

（3）主要节电技术措施等。

六、用电检查人员应遵循的纪律要求

根据《用电检查管理办法》第五章的规定，用电检查人员必须遵守如下检查纪律规定。

（1）用电检查人员应认真履行用电检查职责，赴用户执行用电检查任务时，应随身携带《用电检查证》，并按《用电检查工作单》规定项目和内容进行检查。

（2）用电检查人员在执行用电检查任务时，应遵守用户的保卫保密规定，不得在检查现场替代用户进行电工作业。

（3）用电检查人员必须遵纪守法、依法检查、廉洁奉公、不徇私舞弊、不以电谋私。违反本条规定者，依据有关规定给予经济的、行政的处分；构成犯罪的，依法追究其刑事责任。

⚙ 思 考 题

1. 用电检查的依据和作用是什么？

2. 用电检查的工作内容与范围主要有哪些?

3. 简述用电检查员现场检查内容。

4. 各级用电检查人员的工作范围如何区分?

5. 用电检查人员应遵循的纪律要求有哪些?

第二章　用电检查的分类及工作流程

第一节　用电检查的分类

用电检查内容主要包括日常用电检查和专项用电检查。

一、日常检查

日常检查主要是指根据本辖区用户数量和具体情况，引用省公司有关规定按照一定的普查周期来安排开展的常态性用电检查工作。如：10kV 用电客户（不含高供低量用电客户）至少每年检查一次；10kV 高供低量、0.4kV 及以下非居民用电客户至少两年检查一次；居民生活照明用电客户检查周期由各供电（电力）公司自定。

二、专项检查

专项检查主要包括：保供电专项检查，季节性检查，营业普查，针对性专项检查。

1. 保供电检查

保供电检查是指根据特定的条件和要求，例如国家重要会议、高考、交易会等进行的专项用电检查工作。工作开展时需根据上级保供电检查的通知，制订保供电检查计划并选定客户名单，再按照保供电要求对相应范围的客户进行专门的保供电检查，重点检查保供电单位及所属供电线路、台区的设备的安全性和可靠性，协助客户审定其保供电措施是否到位，了解外部电源的运行状况，是否满足客户需要；对其他提出保供电检查申请的客户，在通过领导审批后，也应在保供电检查计划中体现。

2. 季节性检查

季节性检查指按每年季节的变化对用电客户设备进行的安全检查，一般来说，每年3、4月份会开展春季专项用电检查；每年 11 月份开展冬季专项用电检查；每年 1 月、9 月安排节前专项用电检查。

季节性用电检查的检查内容包括如下内容。

（1）防污检查。检查重污秽区用电客户反污措施的落实，推广防污新技术，督促客户改善电气设备绝缘质量，防止污闪事故发生。

（2）防雷检查。在雷雨季节到来之前，检查用电客户设备的接地系统、避雷针、避雷器等设施的安全完好性。

（3）防汛检查。汛期到来之前，检查所辖区域用电客户防洪设备的检修、预试工作是否落实，电源是否可靠，防汛的组织及技术措施是否完善。

（4）防冻检查。冬季到来之前，检查客户电气设备、消防设施防冻情况，防小动物进入配电室及带电装置内的措施等。

3. 营业普查

营业普查是指为了加强电力营销工作的内控管理，堵塞管理漏洞，进一步健全和完善自我约束机制而进行的营业普查工作。

4. 针对性专项检查

针对性专项检查是指结合营销工作近期目标需要安排的有针对性的检查，如本阶段需查阶梯电价的执行情况，则安排阶梯电价执行专项检查。

三、工作案例

××市一级保供电工作方案

一、工作机构

（一）领导小组

组　长：　　　　　　　副组长：　　　　　　　　成　员：

（二）工作小组

组　长：　　　　　　　副组长：　　　　　　　　成　员：

二、保电等级

各部门按照一级保电安排相关工作。

三、工作方案

（一）各相关部门认真开展保供电工作，确保供电正常，避免出现事故限电和拉闸限电。

（二）调度中心要加强电网的调度管理，合理安排电网运行方式，编制可靠稳定的运行方式，做好电网和设备事故的应急预案，精心统筹输变电设备停电检修计划和方式安排，确保重要场所、重要负荷的安全供电。

（三）市场部积极配合政府有关部门做好供用电管理工作，加强和重视负荷侧管理，重点抓好保供电场所的用电检查，并及时将检查情况向有关部门汇报，督促客户完成其用电设备的检修、试验和消除缺陷工作。负责保供电工作的外部协调工作。

（四）变电部、输电部、配电部、市郊公司和区供电局完成相应设备的巡视、检查、缺陷处理和设备按计划安排的定检、预试，保供电期间安排人员值班，准备抢修人员、车辆和材料。

（五）办公室负责局保供电工作的对外协调、保供电的后勤协调、新闻宣传工作。

（六）生技部负责统筹安排保供电前的局内各项生产准备工作和保供电期间各生产部门保供电的指挥、协调工作。

第二节 用电检查的工作流程

根据《广东电网公司用电检查人员作业指导手册》规定，用电检查流程如图2-1所示。

由图2-1可以归纳出用电检查的主要步骤。

1. 制定用电检查计划

制定用电检查计划包括日常用电检查计划、专项用电检查计划。

2. 填写和派发客户用电检查工作单

客户用电检查工作单见表2-1，相关信息填写必须规范、准确、项目齐全，且与营销系统及客户档案上的信息对应，班长签发前必须认真核对清楚；工单签发人签发客户用电检查工作单，并交代现场注意事项。

3. 进行现场检查

现场检查主要进行供电合同履行情况检查、电气设备运行状况检查、安全保障措施检查、窃电及违约用电情况检查等。

现场检查发现客户计量装置发生异常的情况时，则启动计量装置故障处理流程；现场检查发现客户有违约用电、窃电行为时，则启动违约用电、窃电处理流程。

若发现电量异常，因抄表数据错误（含集抄）引起电量异常的，经现场确认抄表数据后则启动抄表数据异常处理作业流程；因客户计量装置发生异常（含集抄）而引起电量异常的，启动计量装置故障处理流程；因客户违约用电、窃电而引起电量异常的，启动违约用电、窃电处理流程。

4. 填写客户用电检查工作单

用电检查人员根据检查情况填写客户用电检查工作单见表2-1，要求填写规范、准确、项目齐全，并请客户核对无误、无漏后双方签名确认。

5. 填写用电检查结果通知书

用电检查结果通知书见表2-2，要求填写规范、准确、项目齐全，与现场情况相符，条目清晰，要明确整改要求、时限，并请客户核对无误、无漏后双方签名确认。

如客户代表拒绝签名确认时，应耐心做好解释工作，确实无法取得客户签名确认的，请第三方对现场情况进行确认，同时要做好现场取证与证据保存，并及时向上级汇报处理情况。

6. 汇报检查结果

检查完成后用电检查人员应将检查情况汇总，并及时将发现的问题向上级领导汇报。

用电检查中发现重要客户存在安全隐患的，除向客户发出检查结果通知书外，还必须将通知书迅速抄送当地安监部门及电力管理部门。

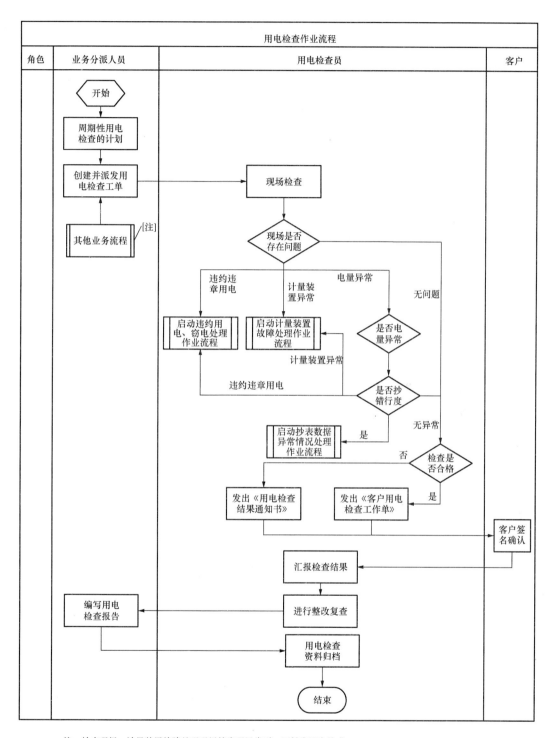

注：抄表现场，计量装置故障处理现场等发现异常时，可触发用电检查。

图 2-1 用电检查流程图

表 2-1 客户用电检查工作单 ( ) No.

客户名称		客户编号		计量点	
用电地址		计费容量		合同容量	
计量方式		主供线路名称		备用线路名称	
电价类别		客户联系人		联系电话	

检查项目内容		检 查 项 目	√	检查结果记录
	受(送)电装置安全状况	1. 变配电室达到"五防"要求		
		2. 变配电室的消防设施齐全		
		3. 变配电室值班电工作业安全工器具齐备		
		4. 变配电场所不存在私拉乱接和乱堆放杂物现象		
		5. 变配电室的接地装置符合要求		
		6. 自备电源(发电车、发电机)装置符合要求		
		7. 进行柜接地装置符合要求		
		8. 变配电场所的警示牌、标识牌齐全		
		9. 现场电表、负控终端的表端电流		
	计量装置检查	1. 具有独立的计量柜或计量间隔		
		2. 计量装置(柜、接线盒、电表)封印真实及完好		
		3. 计量装置的二次接线正确		
		4. 计量装置的二次接线不存在断点或接触不良		
		5. 计费电度表的运转正常		
		6. 计量 TA 或 TV 倍率与电费单相符		
		7. 计量 TA 或 TV 倍率与变压器容量匹配		
		8. 计量 TA 或 TV 的精确度符合要求		
		9. 现场电能表读数与电费单数据比较无少计电量嫌疑		
	履行供用电合同情况	1. 客户安装容量、计量装置与电费单相符		
		2. 客户不存在转供电行为		
		3. 客户电价类别与实际用电类别相符		
		4. 客户执行的多电价比例经核定与现场一致		
		5. 客户是否私增用电设备或私接备用电源		
		6. 客户电容补偿足够且运行正常		
	执行国家有关法规制度情况	1. 检查客户电工具备相应资质		
		2. 客户电气设备已定期做预防性试验		
		3. 变配电室操作、值班等各项安全管理规章制度健全		
		4. 客户受(送)电装置不存在使用淘汰电力设备问题		
		5. 客户已按规定执行计划用电、节约用电		
	其他	1.		
		2.		

计量装置及抄表信息								
资产编码	出厂编号	TA 变比	TV 变比	上次抄表止码	有功总	现场行码记录	有功总	
					有功峰		有功峰	
					有功平		有功平	
					有功谷		有功谷	
					无功		无功	

封印信息				
柜箱门封	主表端钮盒封	主表校验封	联合接线盒封	

签名	检查人员签名:	客户签名:	日期:

注 1. 此工作单仅用于供电部门内部记录;

2. 用电方如存在用电安全隐患,则检查方向其发出《用电检查结果通知书》;

3. 如客户存在窃电、违约用电行为或其计量装置存在漏计、少计电量,则检查方向其发《用电检查三类案件通知书》。

表 2-2 用电检查结果通知书

签发单位：

客户名称		联系人	
客户编号		联系电话	
用电地址			

经我方用电检查人员的现场检查，确认贵单位在电力使用上存在以下问题，请按要求在规定期限内整改完毕，并将处理结果书面报我公司用电检查部门。

存 在 问 题			
序号	项目	整改期限	复查结果

备注说明：用电方未能在规定期限内整改完毕，发生相应安全事故由用电方负责。

用电检查员签名		客户签名	
签发日期		签收日期	
复查人员		复查结果 客户签收签名	
复查日期		签收日期	

7. 对整改结果复查

对需要整改的客户，用电检查人员要做好记录，并将资料另行存放，按时进行复查。复查合格的由用电检查人员和客户双方对复查结果签名确认，并将检查资料及时按照要求归档。

对存在问题未及时整改的客户，除向客户再次发出检查结果通知书外，还必须将情况通报当地安全监查部门及电力管理部门。

8. 编写用电检查报告

用电检查人员每月编写用电检查报告向上级领导汇报。分析汇总本月用电检查的结果，编写出检查报告，总结出存在的问题，并提出整改意见，将整改结果进行反馈。

9. 用电检查资料归档

对客户的用电检查资料要及时整理汇总，按照要求归档，并将用电检查资料实体交档案管理员处理，进入用电档案管理流程。

💠 思 考 题

1. 专项检查包括哪几类？其检查内容主要是什么？
2. 用电检查的过程是怎样的？

第三章 用电检查现场检查的主要内容和方法

第一节 用户安全保障措施检查

一、配电房环境

高压配电室宜设不能开启的自然采光窗，窗台距室外地坪不低于 1.8m；低压配电室可设能开启的自然采光窗。配电室临街的一面不宜开窗。

变压器室、配电室、电容器室的门应向外开启。相邻配电室之间有门时，此门应能双向开启。

配电所各房间经动合启的门、窗，不宜直通相邻的酸、碱、蒸汽、粉尘和噪声严重的场所。

变压器室、配电室、电容器室等应设置防止雨、雪及蛇、鼠类小动物从采光窗、通风窗、门、电缆沟等进入室内的设施。

配电室、电容器室和各辅助房间的内墙表面应抹灰刷白。地（楼）面宜采用高标号水泥抹面压光。配电室、变压器室、电容器室的顶棚以及变压器室的内墙面应刷白。

长度大于 7m 的配电室应设两个出口，并宜布置在配电室的两端。长度大于 60m 时，宜增加一个出口。当变电所采用双层布置时，位于楼上的配电室应至少设一个通向室外的平台或通道的出口。

配电所、变电所的电缆夹层、电缆沟及电缆室，应采取防水、排水措施。

变压器室宜采用自然通风，夏季的排风温度不宜高于 45℃，进风和排风的温差不宜大于 15℃。

电容器室应有良好的自然通风，通风量应根据电容器温度类别按夏季排风温度不超过电容器所允许的最高环境空气温度计算。当自然通风不满足排热要求时，可采用自然进风和机械排风方式。电容器室内应有反映室内温度的指示装置。

变压器室、电容器室当采用机械通风或配变电所位于地下室时，其通风管道应采用非燃烧材料制作。如周围环境污秽时，宜加空气过滤器（进风口处）。

有条件时配电装置室宜采用自然通风。高压配电装置室装有较多油断路器时，宜装设事故排烟装置。

在采暖地区，控制室（值班室）应采暖，采暖计算温度为 18℃。在特别严寒地区的配电装置室装有电度表时应设采暖，采暖计算温度为 5℃。控制室和配电装置室内的采暖装置，宜采用钢管焊接，且不应有法兰、螺纹接头和阀门等。

位于炎热地区的配变电所，屋面应有隔热措施。控制室（值班室）宜考虑通风，有条件时可接入空调系统。

有人值班的配变电所，宜设有上、下水设施。

在配电装置室内裸导体上空布置灯具时，灯具的水平投影与裸导体的净距应大于1m。灯具不应采用软线吊装或链吊装。

干式变压器室、配电装置室、控制室、电容器室当设置在地下层时，在高潮湿场所，宜设置吸湿机或在装置内加装去湿电加热器，在地下室内应有排水设施。

二、配电房安全管理制度

（1）张贴"闲人免进"标志，控制无关人员进入。如工作需要，应进行登记后方可进入。

（2）所有电工要持证上岗，按规定穿戴好劳动防护用品。值班员要坚守岗位，勤检查，勤巡视，及时排除异常情况，避免发生短路、断电、火灾等事故。

（3）工作人员要严格遵守岗位安全制度和安全运行规程，禁止在岗位内喝酒、吸烟、娱乐、睡觉等，严禁擅离职守，认真履行职责。坚持巡回检查制度，做好设备运行登记和工作记录。

（4）配电室内不得堆放杂物及与工作无关的物品，严禁堆放可燃物品和存放易燃易爆物品。

（5）定期对变压器、开关柜、配电柜等进行清扫。

（6）安装、维修电器线路时，要在上级电闸悬挂"有人操作、严禁合闸"的标志牌，严格执行安全操作规程。

（7）应按规定正确填写、使用倒闸操作票。

（8）经常检查配电室通往室外的挡鼠板是否插好，经常检查墙体、门窗和通风处的防护网是否严密，有无孔洞、缝隙，防止飞鸟、小动物进入造成短路，引起事故。电缆沟内应定期投放鼠药。

（9）熟知消防报警程序及配电室消防器材存放位置和使用方法，严禁将消防器材挪作他用。

（10）保证应急照明装置正常运行。

（11）发生人身触电事故和火灾事故时，值班人员可不联系生产部门和主管部门即断开有关设备的电源，进行抢救，而后通知主管部门和生产部门。

（12）电气设备发生火灾时，应该用四氯化碳，二氧化碳和1211干粉灭火器进行扑灭。应立即断开着火的电源，严禁在带电情况下使用泡沫灭火器进行扑灭。

三、配电房的基本配置

配电房内除主要设备，如配电变压器、配电柜等，还应有消防等其他设施。

1. 消防设备

电房内应设置足够数量的灭火器或其他消防设备，灭火器的配置应满足表3-1的要求。

表 3 - 1　　　　　　　　　　　　　10kV 电房消防设施配置表

灭火器材　数量　配置部位	干粉灭火器（3kg）	1211 灭火器（4kg）注	消防铅桶	灭火等级/保护面积（m²）	备注
室内变压器	1台/变压器	1台/变压器	6	7B/35	
高压柜	1台	1台		5A/50	
低压柜	1台	1台		5A/50	
高低压柜（同室）	2台	2台		10A/100	

　　注　1. 因政府已禁止销售和购买 1211 灭火器，故新配置的灭火器应按表中干粉灭火器配置，电房原配置的
　　　　　1211 灭火器仍可使用，待其失效后再按表中要求配置干粉灭火器。

　　　　2. 消防铅桶应装满细沙，配置在有油浸式变压器的电房内。

　　2. 照明装置

　　电房内的照明应完备及可用，其电源可引自本电房的低压电源；房内应配置足够数量的应急灯，并安装于能照及电房各配电设备的地方。在不适宜安装应急灯的地方，运行人员巡视或进行其他工作时应配备照明器具。

　　3. 一次接线模拟图板

　　电房内应悬挂一次接线模拟图板，图板应画有详细清晰的与实际相符的设备结线图，图中应有：变压器的型号、连接组别，10kV、0.4kV 断路器的断路器编号，10kV 与 0.4kV 接线方式、生效时间。当图中内容发生改变时，应及时更新（一周内）。

　　4. 工具箱

　　电房内应装设工具箱，箱内应放置足够数量的高、低压开关的操作扳手及配电柜门钥匙，还应有"禁止合闸，有人工作"标示牌。

　　5. 运行规程

　　电房内应在显著位置挂设现场运行规程，写明电房内各项作业的注意事项及操作程序。

第二节　供用电合同检查

　　供用电合同是供电企业与客户就供用电双方的权利与义务协商一致所形成的法律文书，是双方共同遵守的法律依据。供用电合同一经订立生效，双方均受到合同的约束。订立供用电合同有利于维护正常的供用电秩序，有利于促进社会经济的良性发展。

　　《中华人民共和国合同法》规定：供用电合同是供电人向用电人供电，用电人支付电费的合同。供用电合同明确了供用电双方在供用电关系中的权利和义务，是双方结算电费的法律依据。供用电合同包括供电企业与电力客户就电力供应与使用签订的合同书、协议书、意向书以及具有合同性质的函、意见、承诺、答复等，如并网调度协议、

电费电价结算协议、错避峰用电协议及客户资产移交或委托维护协议等。

一、供用电合同分类

根据供电方式和用电需求的不同，供用电合同分为高压供用电合同、低压供用电合同、临时供用电合同、转供电合同、趸购售电合同和居民供用电合同六种形式。

（1）高压供用电合同。高压供用电合同适用于供电电压为 10kV（含 6kV）及以上的高压电力客户。

（2）低压供用电合同。低压供用电合同适用于供电电压为 220/380V 的低压电力客户。

（3）临时供用电合同。临时供用电合同适用于《供电营业规则》规定的非永久性用电的客户，如基建工地、农田水利、市政建设、抢险救灾等临时性用电。

（4）转供电合同。转供电合同适用于公用供电设施尚未到达的地区，为解决公用供电设施尚未到达的地区用电人的用电问题，用电人在征得该地区有供电能力的用电人（委托转供人）的同意，委托其向附近的用电人（转供用电人）供电。

（5）趸购售电合同。趸购售电合同适用于供电人与趸购转售电人之间就趸购转售电事宜签订的供用电合同。

（6）居民供用电合同。居民供用电合同适用于城乡居民生活用电性质的用电人。

二、供用电合同的基本内容

（1）当事人双方的法定名称、住所。

（2）供电方式、供电质量和供电时间。

（3）用电容量和用电地址、用电性质。

（4）计量方式和电价、电费结算方式。

（5）合同的履行地点。

（6）供用电设施维护责任的划分。

（7）合同的有效期限。

（8）违约责任。

（9）争议的解决方式。

（10）双方共同认为应当约定的其他条款。

完整的供用电合同还应有相关术语及其说明部分。

三、供用电合同检查要点

对供用电合同履行情况检查包括如下内容。

（1）实际用电主体是否与供电合同的主体对应。

（2）是否在供用电合同有效期内用电。

（3）实际使用容量、计费容量、备用容量是否与供用电合同的约定相符，客户是否有私自增容的情况。

（4）实际用电性质是否与供用电合同的约定相对应，电价执行是否正确，原约定的各类用电量比例（定比定量电价）是否发生变化。

（5）是否有私自转供或引入电源的情况。

（6）双（多）电源客户有无私自改变运行方式。

（7）客户有无存在其他违反供用电合同约定的行为。

第三节 电气设备运行状况检查

一、低压电气设备运行状况检查

（一）运行要求

1. 低压线路运行要求

（1）架空线和电缆的型号、工作电压、使用环境等应符合要求。

（2）导线的允许载流量不应小于线路的负载计算电流。

（3）从变压器低压侧母线至用电设备受电端的线路电压损失，一般不超过用电设备额定电压的 5%。

（4）三相四线制中性线的允许载流量不应小于线路中最大的不平衡负载电流。用于接零保护的中性线，其导线不应小于中相导线的 50%。

（5）导线的允许载流量，应根据导体敷设处的环境温度、并列敷设根数进行校正。

2. 低压电气设备运行要求

（1）低压电气设备的电压、电流、容量、频率等各种运行参数符合要求。

（2）低压开关设备的灭弧装置应完好无缺。

（3）低压电气设备的外壳、操作手柄等应完好无损失。

（4）低压电气设备正常不带电的金属部分接地（接零）应良好。配电屏两端应与接地线或中性线可靠连接。

（5）低压开关设备动作灵活、可靠，各接触部分接触良好无发热现象。

（6）低压电气设备的绝缘电阻应符合要求。

（7）低压电气设备的安装牢固、合理、操作方便，满足安全要求。

（二）客户档案和资料的管理

1. 客户应具备各类低压电气设备的技术资料档案

（1）设备台账。

（2）出厂试验报告及调试记录。

（3）出厂合格证明。

（4）设备的安装、使用说明书、安装图及构造图。

（5）设备现场开箱验收记录。

（6）安装、调试报告。

（7）安装验收记录。

（8）交接试验报告。

（9）设备预防性试验报告。

（10）设备评级的详细记录。

（11）事故记录及处理记录等。

2. 客户应具备安全用电档案资料

（1）缺陷记录，包括配电房缺陷记录、设备缺陷记录、安全工器具缺陷记录、安全防范措施缺陷记录、人员管理记录等。

（2）缺陷整改记录。

（3）人员培训记录。

（4）事故记录。

（三）检查方式和方法

1. 检查方式

供电企业一般通过正常的用电检查、营业普查、专项检查等方式对客户进行检查。

2. 检查方法

（1）档案资料检查。档案资料检查主要检查客户的运行制度、运行规程、设备台账、缺陷记录、典型操作票等资料是否规范齐全。

（2）值班电工的资质检查。值班电工应取得相应等级的《电工进网作业许可证》。

（3）设备的运行状况检查。设备的运行状况检查是通过外观检查、红外测温法、在线监测等手段保证设备安全运行的。

（4）安全工器具、安全预案检查。

二、10kV 电气设备运行状况检查

（一）10kV 线路、变电设备的运行要求

1. 架空线路运行要求

（1）导线通过的最大负荷电流不应超过其允许电流。

（2）三相导线弛度应力求一致。

（3）杆塔构架基础完好，杆塔倾斜度符合规程要求，拉线无松弛、断股和严重锈蚀现象。

（4）绝缘子良好，杆塔各部件连接牢固，螺丝完整无损，金具无变形损伤。

（5）导线对地距离、相间距离、交叉跨越距离均符合规程要求。

2. 电力电缆运行要求

（1）电力电缆禁止过负载运行，其运行电压不得超过电缆额定电压的15%。

（2）电力电缆的保护层接地应符合规程要求。

（3）电力电缆头与设备连接应可靠、牢固，使用托架，避免设备受力。

（4）电力电缆的运行温度不得大于规定值。

（5）电力电缆的弯曲半径应符合规程要求。

（6）新装电力电缆应经过试验合格后方可投入运行。

3. 变压器运行要求

（1）变压器送电前各类试验，各项检查项目必须合格，各项技术指标满足要求。

（2）停运时间超过 6 个月的变压器在重新投运前，应按预试规程规定的各项要求进行试验，并经试验合格方可投入运行。

（3）变压器的运行电压一般不应高于额定电压 105%。

（4）强迫油循环风冷变压器的上层油温一般不得超过 85℃；油浸风冷和自冷变压器上层油温不宜超过 85℃，最高不得超过 95℃。

（5）当变压器有较严重的缺陷（如冷却系统不正常、严重漏油、有局部过热现象）或绝缘有弱点时，不宜过负载运行。

（6）运行中对变压器进行滤油、补油、换潜油泵、更换净油器的吸附剂及当油位异常或呼吸系统异常而打开放气或放油等情况时，应将重瓦斯保护改投信号。

（7）自耦变压器的中性点必须直接接地。

4. 断路器运行要求

（1）断路器应在铭牌标明额定参数范围内运行。

（2）拒绝分闸的断路器在消除故障前，不得投入运行。

（3）断路器在首次投运前及大修后，应做跳、合闸试验，应进行各种保护传动试验。

（4）断路器在合闸后出现三相电压不平衡时，应立即对断路器及辅助设备进行检查或断开断路器进行检查。

（5）检修或停运三个月及以上的断路器，在投入运行前，应做传动试验、绝缘试验。

（6）每台断路器外露的带电部分应有明显的标相漆。

（7）断路器的分、合闸指示器应易于观察且指示正确，接线板的连接处应有监控运行温度的措施。

5. 隔离开关运行要求

（1）隔离开关应在铭牌标明额定参数范围内运行，接触部分的最高温度不能超过 90℃。

（2）隔离开关闭锁应良好，操作必须严格按照操作程序执行。

（3）电动操作机构操作电压应在规定范围。

（4）隔离开关通过短路电流后，应对隔离开关进行全面检查，检查支持绝缘子有无破损，引线有无松股、断股现象等。

（5）隔离开关的支持绝缘子应清洁无破损。

6. 互感器运行要求

（1）停运半年及以上的互感器应按有关规定试验、检查合格后方可投入运行。

（2）电压互感器二次侧严禁短路，电流互感器二次侧严禁开路，互感器二次侧必须可靠接地。

（3）电流互感器允许在设备最高电流下和额定电流下长期运行。

（4）电压互感器二次熔丝熔断后，应立即更换，如再次熔断应查明故障原因，做好记录，并将失压可能误动的保护退出。

（5）停用电压互感器必须拔掉二次绝缘子或断开二次断路器。

（6）新装或大修后的互感器投入运行前，必须验收合格。

7. 母线运行要求

（1）运行母线无振动和摆动，引线弧垂合格，接头无过热现象。

（2）对运行中的母线绝缘子应每四年带电测试一次，检测各绝缘子串绝缘子的电压。

（3）当母线通过短路电流后，应检查支持绝缘子有无破损，穿墙套管有无损伤，母线有无松股、断股现象等。

（4）硬母线应加装适当的伸缩节，防止母线热胀冷缩对绝缘子和设备产生机械应力，接头应连接牢固。

（5）各类母线应排列整齐，相序标志清晰，相间距离应符合规定。

（6）母线铜铝连接处，应采用过渡线夹，防止接点产生氧化。

（7）新安装的母线投运前必须验收合格。

8. 电力电容器运行要求

（1）电容器必须在规定的环境温度和额定电压下运行。

（2）允许在不超过额定电流的 30% 工况下长期运行。

（3）电力电容器组必须有可靠的放电装置，并且正常投入运行。

（4）电力电容器组新装投入时，在额定电压下合闸冲击三次，每次合闸间隔 5min。

（5）任何情况下电容器跳闸，5min 内不允许再次合闸，应查明跳闸故障原因，排除故障后方可投入运行。

（6）电力电容器转为检修后，在工作前，必须对电容器进行逐个充分放电，确保无电时才能接触。验电、放电应用合格的绝缘工具，穿绝缘鞋和戴绝缘手套。

（7）更换电容器熔丝前，必须对电容器充分放电，将电容器两极短接后方可工作。

（8）运行中发现电容器有鼓肚放电、温度过高、渗漏油、熔丝熔断、三相电流不平衡时，应将电容器退出运行，查明原因并进行处理。

（9）新装电容器投运时必须验收合格。

9. 防雷设施与接地装置运行要求

（1）雷电时现场人员应远离避雷器或避雷针 5m 以外，雷雨过后必须检查避雷器泄露电流及放电计数器的指示，检查引线及接地装置有无损伤。

（2）避雷器裂纹或爆炸造成接地时，严禁用隔离开关拉开故障避雷器。

（3）避雷器瓷质部分清洁完整无损；导线、引线不过紧过松、不锈蚀、无损伤；基础座和瓷套、瓷垫完整无损；避雷器泄露电流表、放电计数器完整无损，密封良好，指示正确。

（4）接地线各连接点的接触良好、牢固，无损伤、折断、腐蚀现象。

（二）10kV 线路、变电设备运行状况检查

1. 架空线路检查

（1）检查电线杆有无倾斜、变形、腐朽、损坏及基础下沉等现象。

（2）检查沿线路的地面是否堆放有易燃、易爆和强腐蚀性物质。

（3）检查沿线路周围有无危险建筑物。应尽可能保证在雷雨季节和大风季节里，这些建筑物不会对线路造成损坏。

（4）检查线路上有无树枝、风筝等杂物悬挂。

（5）检查拉线和板桩是否完好，是否紧固可靠。

（6）检查导线的接头是否接触良好，有无过热发红、严重老化、腐蚀或断脱现象；绝缘子有无污损和放电现象。

（7）检查避雷接地装置是否良好，接地线有无锈断情况。特别在雷雨季节到来之前，应重点检查。

（8）检查线路的负载情况。

（9）对敷设在潮湿、有腐蚀性物体的场所的线路，要定期对绝缘子进行检查。

2. 电缆线路检查

（1）检查电缆终端及瓷套管有无破损及放电痕迹。对填充电缆胶（油）的电缆终端头，还应检查有无漏油溢胶现象。

（2）对明敷的电缆，检查电缆外表有无锈蚀、损伤，沿线挂钩或支架有无脱落，线路上及附近有无堆放易燃易爆及强腐蚀性物质。

（3）对暗设及埋地的电缆，检查沿线的盖板和其他覆盖物是否完好，有无挖掘痕迹，路线标是否完整。

（4）检查电缆沟内有无积水或渗水现象，是否堆有杂物及易燃易爆物品。

3. 变压器检查

（1）检查油温是否正常，最高不超过 85℃，位高低是否符合要求，油色是否正常。

（2）检查变压器外壳有无渗油、漏油现象。

（3）负荷高峰时检查示温蜡片是否熔化，接头有无发热或变色现象。

（4）检查变压器套管、绝缘子是否清洁，有无裂缝或放电现象。

（5）监听变压器有无不正常声音或放电声。

（6）检查冷却风扇有无不正常响声及停转现象。

（7）检查变压器防爆管玻璃是否破碎，裂缝玻璃里是否有油。

（8）检查气体继电器里是否有气体，玻璃是否完好。

（9）检查呼吸器内干燥剂是否良好。

（10）检查变压器外壳接地是否良好，接地线有无腐蚀断股现象。

（11）检查充气变压器气体压力是否正常，并使用检漏仪检测充气变压器气体是否泄漏。

4. 断路器检查

（1）检查断路器指示仪表指示应在正常范围，发现表计指示异常及时采取措施。

（2）检查断路器的瓷套应清洁，无裂纹、破损和放电痕迹。

（3）检查真空灭弧室应无异常，真空泡应清晰，屏蔽罩内颜色应无变化。在分闸时，弧光呈蓝色为正常。

（4）检查导电回路应良好，软铜片连接部分应无断片、断股现象，与断路器连接的接头接触应良好，无过热现象。

（5）检查机构部分紧固件应紧固，转动、传动部分应有润滑油，分、合闸位置指示器应正确。开口销应完整、开口。

（6）检查断路器分、合闸位置与机构指示器及红、绿指示灯是否相符。

（7）检查机构箱门开启灵活，关闭紧密、良好。

（8）检查操动机构应清洁、完整、无锈蚀，连杆、弹簧、拉杆等应完整，紧急分闸机构应保持在良好状态。

（9）检查端子箱内二次线和端子排完好，无受潮、锈蚀、发霉等现象，电缆孔洞应用耐火材料封堵严密。

（10）检查断路器在分闸状态时，分闸连杆应复归，分闸锁扣到位，合闸弹簧应在储能位置。辅助开关触点应光滑平整，位置正确。

5. 隔离开关检查

（1）检查隔离开关合闸状况是否完好，有无合不到位或错位现象。

（2）检查隔离开关绝缘子是否清洁完整，有无裂纹、放电现象和闪络痕迹。

（3）检查触头有无脏污、变形锈蚀以及是否倾斜；触头弹簧或弹簧片有无折断现象；触头是否由于接触不良引起发热、发红。

（4）检查操作连杆及机械部分有无锈蚀、损坏，各机件是否紧固，有无歪斜、松动、脱落等不正常现象。

（5）检查连接轴上的开口销是否断裂、脱落；法兰螺栓是否紧固、有无松动现象。

（6）检查接地刀口是否严密，接地是否良好，接地体可见部分是否有断裂现象。

（7）检查防误闭锁装置是否良好；隔离开关拉、合后，检查电磁锁或机械锁是否锁牢。

6. 互感器检查

（1）检查油位是否符合标准，油色是否正常；外壳有无渗漏油现象。

（2）检查示温蜡片是否熔化，连接部分有无发热变色现象。

（3）检查套管或绝缘子是否清洁，有无裂缝、破损及闪络放电现象。

（4）监听有无不正常的异音及放电声。

（5）检查外壳接地是否良好。

（6）检查有无异声及焦臭味。

（7）检查户内浸膏式电流互感器有无流膏现象。

7. 电容器检查

（1）检查电容器外壳和架构是否可靠接地。

（2）检查电容器有无膨胀及严重渗油现象。

（3）检查电容器熔丝有无熔断现象。

（4）测量电容器最高温度及室内最高温度。

（5）检查电容器的开关是否符合要求。

8. 防雷设施与接地装置检查

（1）检查套管或绝缘子是否清洁，有无裂缝、破损及闪络放电现象。

（2）检查接地是否良好，有无腐蚀现象；引线及接地装置有无损伤。

（3）检查避雷针及其他构架是否良好，构架有无腐烂现象。

（4）雷雨后检查避雷器泄露电流及放电计数器的指示，并做好记录。

（5）检查瓷质部分清洁完整无损；导线、引线不过紧过松、不锈蚀、无损伤；铸铁胶合剂无裂纹及漆皮无脱落。

（6）检查组合式避雷器上下节应垂直，不倾斜；基础座和瓷套、瓷垫完整无损；避雷器泄漏电流表、放电计数器完整无损，密封良好，指示正确；油漆完整，相色正确，接地良好。

（7）检查接地装置的引线是否完好；检查接地装置并测量一次接地电阻，小电流接地系统接地电阻不大于 10Ω。

9. 母线检查

（1）检查母线引线弧垂是否符合要求，接头有无过热。

（2）当母线通过短路电流后，检查支持绝缘子有无破损，穿墙套管有无损伤，母线有无松股、断股现象等。

（3）检查硬母线是否加装伸缩节，接头连接是否牢固。

（4）检查母线排列是否整齐，相序标志是否清晰，相间距离应符合规定。

（5）检查母线铜铝连接处，是否采用过渡线夹，防止接点产生氧化。

（6）检查支持绝缘子是否清洁无破损。

（7）检查母线各相带电部分之间及带电部分对地是否有足够的绝缘距离。

（8）检查母线上有无搭挂物，断股、松股，金属构件焊接、螺栓、垫圈、弹簧垫圈锁紧螺母应齐全、可靠。

三、双电源客户检查内容

为防止双电源违规并列，规范双电源客户的正常用电，用电检查人员定期（每季至少一次）对双电源客户的联锁装置和其他安全措施进行检查。检查内容包括如下几项。

（1）双（多）电源用电客户投入运行前，必须做核相检查，以防非同相并列。

（2）高低双（多）电源用电客户凡不允许并列电源运行者，须设可靠的联锁装置，防止向电网反送电。

（3）双（多）电源用电客户其主、备电源均不得擅自向其他用电客户转供电，亦不

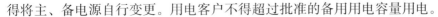

得将主、备电源自行变更。用电客户不得超过批准的备用用电容量用电。

（4）无联锁装置的高压双（多）电源用电客户需同供电企业调度部门签订调度协议，其倒闸操作必须按照调度协议执行。高低压双（多）电源用电客户的运行方式和倒闸方式应同供电部门在供用电合同中予以明确。

（5）双（多）电源用电客户的电气值班人员，必须熟悉"双（多）电源管理办法"的要求及调度协议内容，设备调度权限的划分及运行方式的有关规定。

（6）双（多）电源用电客户必须向供电企业的调度部门和用电检查部门报送值班人员名单。如值班人员有变动时，必须书面通知供电企业的调度和用电检查部门。

（7）高压双（多）电源用电客户的变电值班室，必须装设专用电话并保障其通畅。

（8）低压双电源用电客户不允许并列，用电客户有自备发电机、自备电源与电网连接处必须装设双投接地开关，不得使用电气闭锁。

（9）用户应明确主备电源，正常情况下使用主电源，主、备电源应采用手动切换，如采用自投，应取得供电部门批准。

四、现场检查危险点及预控措施

1. 危险点

（1）未向客户明确说明来意和用电检查依据，造成客户误解。

（2）用电检查不规范，未能发现安全隐患并督促客户整改。

（3）触电或误碰跳闸按钮和操动机关。

（4）狗咬、蛇咬、蜂蜇、碰伤等。

（5）客户抵制用电检查或破坏检查现场证据。

（6）用电检查人员与客户发生冲突。

（7）检查程序不合法，徇私舞弊，以电谋私。

（8）交通、人身安全。

2. 预控措施

（1）耐心向客户说明来意和进行用电检查的依据，解释日常用电检查的合法性和必要性。

（2）进行现场检查前，必须执行两步安全技术交底方可展开检查工作：

1）客户方陪检人员对检查小组进行检查现场的安全技术交底。

2）检查小组工作负责人根据检查任务对小组成员、客户方陪检人员做好安全技术交底，并加强监护。

（3）用电检查前，戴好安全帽，穿好工作服，确保工器具合格无安全隐患。

（4）现场检查，用电检查人员不得少于2人；夜间检查，用电检查人员不得少于3人。

（5）检查前应主动出示证件，并要求客户方人员随同检查。

（6）检查时应与带电体保持足够的安全距离，不允许进入运行设备的遮栏内，避免发生触电危险。一般不应接触运行设备的外壳，如需要触摸时，则应先查明其外壳接地线是否良好，以防漏电造成人身触电事故。

（7）带电检查时，不可进行电气操作，禁止对带电的10kV开关柜进行开柜检查。

（8）发现安全隐患要及时开具书面通知单并督促客户整改。

（9）对于在现场检查发现的问题要及时进行拍照，并保护好现场证据。

（10）发现狗、蛇、蜂窝时注意躲避，必要时持棒而行，不要触碰蜂窝；备有治疗狗咬、蛇伤、蜂蜇的药品。

（11）注意检查程序的合法性，凡是需要客户签名的用电检查结果，必须要获得客户签名确认，所有的工作表格均应盖章。

（12）当出现客户抵制检查时，应立即汇报营业部主任处理，必要时移交公安机关及第三方公证。

（13）依法行使用电检查权，如徇私舞弊、以电谋私者，依据有关规定给予经济的、行政的处分；构成犯罪的，依法追究其刑事责任。

（14）严格遵守交通法规及各级交通安全管理规定、车辆使用管理规定。

（15）如遇人身威胁，要及时报警。

第四节　用电检查典型案例

[案例一] 自备电源检查

为了加强电力用户供电电源及自备应急电源配置的监督管理，提高电力用户应对电力突发事件的应急能力，有效防止次生灾害的发生，确保电力用户生产安全，某供电所组织有关人员对所辖区域内的电力用户供电电源及自备应急电源配置进行了专项安全检查和督促整改隐患情况的督查。检查中发现了部分自备电源存在不少安全隐患。

（1）运行管理人员无证上岗、违章作业。主要是部分用户没有配备专职电工，兼职现象及无证（特种作业操作证、高压进网作业证）上岗问题严重。

（2）发电机外壳没有保护接地及拉地不合格现象存在。

（3）自备电源与电网电源不在总柜一点切换。

（4）多点切划不同步或不合格。同一用户内有多台不并车自备电源同时运行，且切换装置不符合要求，部分负荷用电网电源，部分负荷用自备电源。

（5）发电机房不符合要求。主要是部分用户发电机放置在配电间内，柴油等燃料放置在发电机房。

以上相应整改措施如下。

（1）建议对自发电操作工进行培训，要求持证上岗，用户配备专职电工。

（2）对发现的安全隐患进行专人跟踪，落实一户，归档一户。

（3）继续加强营业普查及自备电源专项检查工作。

[案例二] 高危及重要用户供用电隐患排查

为了便于电力部门定期开展用电检查，及时对用电客户进行走访、回访，确保用电客户的安全用电及正常生产。根据县各企、事业单位实际用电情况及性质，将××实业有限公司列为高危用户；将县委、政府、医院、电视台、移动公司、供排水公司等单位列为重要用户；将××有限公司等变压器容量在 315kVA 以上的工业用户列为大客户。

针对全县范围内的大用户开展一次专项检查：

一是电价执行是否到位，是否按实际用电类别定比或定量；

二是供用电合同是否签订，合同内容是否完整并与实际一致；

三是无功补偿装置是否按实际用电容量安装，是否能正常投运；

四是接入的用电高低压线路、配变、高低压配电柜是否安全可靠；

五是开展高压计量箱电能表开展现场校验工作，高压计量箱二次电缆是否完整，对电能表及箱体、铅封等完好性进行全面检查。

针对节日用电安全保障工作特点，重点对党政机关，重要用户及大客户的电源配置、受电设施安全运行、自备应急电源配置、应急处理措施等方面存在的薄弱环节和安全隐患，开展用电安全检查。

检查中发现如下问题。

（1）对××厂进行检查，发现该厂电工无电工证，也无带电作业证。

（2）××医院检查时发现以下问题。

1）变压器引下线需更换为绝缘线，现为黑皮线。

2）避雷器引线没有从跌落绝缘子下侧引。

3）变压器油枕渗油。

4）变压器未安装护套。

5）院内照明线路隔离开关需立即更换，无外壳，内部金属裸露。

6）电工无进网作业许可证。

（3）县委、政府办公用电线路存在绝缘老化现象，且分布不合理，极易在刮风、下雨天气出现线路短路直至烧毁现象，影响安全用电。

（4）××客运站、××公安局、××移动公司、××火车站的配电变压器没有刷 RTV 涂料，没有安装防护套，这些隐患容易污闪，造成线路跳闸，影响供电的可靠性。

（5）县委围栏中有照明线路穿过，但是部分导线接头外露，没有用胶带缠好，极易在使用过程中发生漏电事故。

（6）××有限公司内部电工配备不足，目前只有 1 人，且无电工进网作业许可证，高压配电室及低压配电室没有配置消防用灭火器，从而不能对突发事件做出及时处理。

（7）××实业有限公司高压配电柜表盘不显示，由于检修未能将电容及时投运且电容柜仪表不显示数据，低压配电室内堆放杂物应立即清除并将所有盘柜维修正常。此外，该公司无自备电源，出于对供电可靠性考虑及减少突然断电而造成的损失，应配置自备电源装置。

（8）××医院、××电视台、××有限公司、××移动公司、××实业有限公司共 5 户重要及高危用户电工无进网作业许可证。

检查中，用电检查人员对每一户的用电情况均做了详细的了解，并现场解决了部分用户提出的疑问，给予用户满意的答复，用户均保证在规定期限内将用电隐患整改完毕，积极配合供电公司组织电工取得相关资质，杜绝用电事故的发生，保证正常、安全用电，维护社会良好用电秩序。

[案例三] 瓦斯保护误动

1988 年 2 月用电检查员到××厂进行日常用电检查，该厂电器负责人反映 7500kVA 变压器最近气体继电器动作 2 次，未找到原因，准备启用 10 000kVA。

处理方法：查看近段时间的值班记录，询问全厂生产、设备运行及负荷情况后，深入车间了解主要电器设备运行状况，发现是因两台炼钢炉电流过大，引起过电流和瓦斯动作，要求客户将 7500kVA 变压器作油的色谱分析，打耐压、测直流电阻等，三天后测试结果出来均合格。在此情况下，判断可能是变压器高压套管里气没放完的原因，要求客户安排对套管进行检查。经检查，发现确实是因为高压套管里存有气体。

✪ 思 考 题

1. 配电房的环境要求有哪些？
2. 供用电合同的主要内容是什么？
3. 供用电合同的检查要点是什么？
4. 高、低压电气设备的检查内容有哪些？

第四章 图 纸 审 核

第一节 基 础 知 识

一、图纸审核的基本概念

图纸审核是指以国家和电力行业的标准为准则，对客户的受电工程文件和相关资料进行的审核。

根据《用电检查管理办法》规定，用电检查工作是在客户新装、增容或改造送（受）电工程中，应该担负对客户受（送）电装置电气图纸和有关资料的审查工作，组织有关部门（如基建、生计、规划、调度等部门）对设计图纸进行会审，并出具审查意见，填写《客户受电装置图纸审阅意见表》，并提交设计单位，据此修改设计。客户受电工程电气图纸，只有在经过供电企业审核后，客户方才可以委托施工，否则供电企业将不予检验和接电。

二、图纸审核的范围

图纸审核适用于所有客户受电工程设计资料的审核。

三、图纸审核时所用规范性引用文件

图纸审核所依据的规范性引用文件主要有：

《供电监管办法》（国家电监会 27 号令）

《供电营业规则》（中华人民共和国电力工业部令第 8 号）

《用电检查管理办法》（中华人民共和国电力工业部令第 6 号）

《电业安全工作规程》（DL 409—91）

《民用建筑电气设计规范》（JGJ/T 16—92）

《10kV 及以下变电所设计规范》（GB 50053—94）

《低压配电设计规范》（GB 50054—95）

《3～110V 高压配电装置设计规范》（GB 50060—92）

《电力装置的继电保护和自动装置设计规范》（GB 50062—92）

《交流电气装置的接地》（DL/T 621—1997）

《供配电系统设计规范》（GB 50052—95）

《变电所总布置设计技术规程》（DL/T 5056—1996）

《工程设计资质标准》

《电力装置的电气测量仪表装置设计规范》（GB/T 50063—2008）

《并联电容器装置设计规范》（GB 50227—2008）

《导体和电器选择设计技术规定》（DL/T 5222—2005）

《交流电气装置的过电压保护和绝缘配合》（DL/T 620—1997）

《电力工程直流系统设计技术规定》（DL/T 5044—2004）

第二节　图纸审核流程

一、图纸审核流程图

图纸审核作为一项技术性较强的工作，也必须有一套规范的作业流程。图 4-1 所示为目前广东电网公司所用的图纸审核的流程图。

二、图纸审核对作业人员的要求

图纸审核作为受电工程的一个非常重要的环节，对于作业人员的要求非常严格。

（1）检查人员必须经过培训合格，且持有《用电检查员资格证》方能上岗。

（2）检查人员必须熟悉相关的技术标准及规程规范。

（3）图纸检查人员应树立高度的责任感，不得徇私舞弊。

三、图纸审核流程说明

（一）图纸审核作业前准备工作

图纸审核作业前准备工作包括作业触发和工器具准备两项工作。

（1）作业触发。作业触发主要指客户提出设计审查申请。

（2）工器具准备。工器具包括国家相关规程、规范一套；电脑及打印机等。

（二）图纸审核所需设计资料的受理

图纸审核所需设计资料的受理指业务受理员统一接收客户送达的设计资料（包括设计单位资质、设计图纸、设计委托书、双方签名的供电方案协议等），同时审核设计单位是否有经国家认定资质的资格证书，是否符合规定时限。

业务受理员对不符合受理条件的设计资料应书面回复客户，并向客户解释清楚。

本阶段要求业务受理员将符合条件的设计资料按《客户档案管理要求》进行扫描并上传到营销系统，将设计图纸实体在 0.5 个工作日内移交给用电检查员。

（三）图纸审核任务的分配

图纸审核任务分配时应实行分级管理，即：

（1）采用 110kV 及以上电压等级供电以及装机总容量为 40 000kVA 及以上的统建住宅小区，由市局客户服务中心组织初设审查。

（2）10kV、20kV 或 35kV 专线供电以及装机总容量为 8000kVA（含）至 40 000kVA（不含），由市局客户服务中心审核。

（3）装机总容量为 100kVA（含）至 8000kVA（不含）的非专线的专变供电客户（含 100kVA 以下需建专变的客户），由县区局审核，市局客户服务中心抽样勘查及审核。

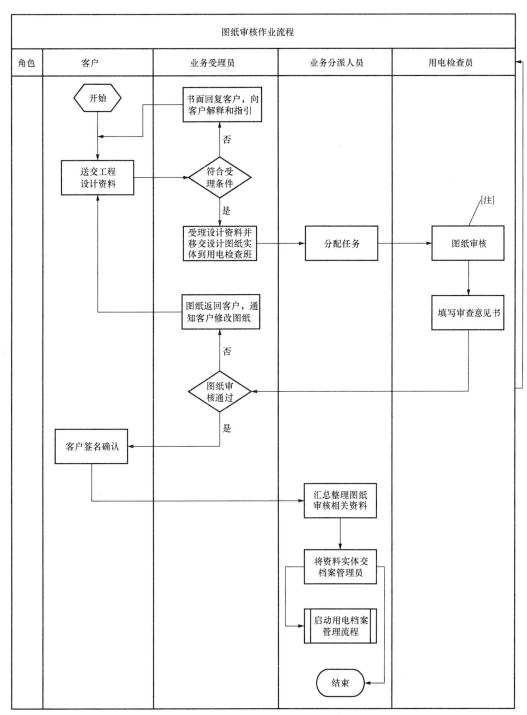

注：1.总容量在630kVA及以下(即总容量≤630kVA)的图纸由用电检查员进行审查。
　　2.对于630kVA<总容量<4000kVA的单电源客户的设计图纸由用电检查员组织有关人员进行会审。
　　3.对于总容量≥4000kVA或多(双)电源客户的图纸由市场及客户服务部组织有关人员进行会审。

图4-1　图纸审核流程图

（4）总容量为 100kVA（不含）以下的低压供电客户（不含 100kVA 以下需建专变的客户），由供电所审核。

同时图纸审核实行初审、复审流程，初审与复审环节必须由不同的工作人员分别完成。

（四）图纸审核的基本内容

图纸审核的基本内容主要有：

（1）设计是否按照供电局确定的供电方案进行。

（2）电气设备选型是否满足安全、经济运行的要求。

（3）设备保护装置选择、整定是否满足电力系统安全运行的要求。

（4）设备布置、线缆敷设等是否满足设计规程的要求等。

（五）图纸审核审查意见书

供电企业必须依照国家标准、行业标准以及相关规程和规定对客户受电工程设计文件及有关资料进行审核，并将审核结果填写在《客户受电工程图纸审核结果通知单》中，以书面形式答复客户。客户若更改审核后的设计文件，应将变更后的设计再送供电企业复核。客户受电工程的设计文件，未经供电企业审核同意，不得施工。否则，供电企业将不予检验和接电。

（六）图纸审核意见答复

用电检查员对审核后的图纸加盖图纸审核专用章，并转营业厅业务受理员将图纸移交客户，并请客户签收确认。

用电检查员对审核未通过的图纸，应以书面形式一次性提出审查意见，出具正规格式意见书，加盖专用章，并转营业厅业务受理员将图纸返回客户，通知客户修改图纸后再次送审，并记录修改次数及日期。

业务受理员应将图纸审核意见按客户档案管理要求进行扫描并上传到营销系统。

（七）图纸审核资料归档

用电检查员应及时将加盖用电检查图纸审核专用章的图纸连同审查意见书汇总整理，及时按照要求归档，并将资料实体交档案管理员处理，进入用电档案管理流程。

（八）图纸审核的时间

对低压供电客户审图的时限要求最长不超过 8 天，对高压供电客户审图的时限要求最长不超过 20 个工作日。

第三节 图纸审核工作的主要内容

一、图纸审查所需提交资料

用户电力工程设计文件和有关资料应一式两份送交供电企业审核。

1. 高压供电的用户应提供的资料

（1）受电工程设计及说明书。

（2）用电负荷分布图。

（3）负荷组成、性质及保安负荷。

（4）影响电能质量的用电设备清单。

（5）主要电气设备一览表。

（6）节能篇及主要生产设备、生产工艺耗电以及允许中断供电时间。

（7）高压受电装置一、二次接线图与平面布置图。

（8）用电功率因数计算及无功补偿方式。

（9）继电保护、过电压保护及电能计量装置的方式。

（10）隐蔽工程设计资料。

（11）配电网络布置图。

（12）自备电源及接线方式。

（13）供电企业认为必须提供的其他资料。

2. 低压供电的用户应提供的资料

（1）受电工程设计及说明书。

（2）负荷计算及无功补偿。

（3）供配电系统。

（4）编配、低压开关和线路线材选择。

（5）低压配电线路保护。

（6）变配电设计。

（7）测量、继保和自动装置。

（8）防雷、接地。

（9）电气设计防火。

（10）电缆线路。

（11）架空线路。

二、图纸审查依据

对受电工程设计进行审查，应依据国家和电力行业的有关设计标准、规程进行，同时应按照当地供电部门确定的供电方案要求进行设计。如果确实需要修改供电方案的，必须经过供电方案批复部门同意。设计时倡导采用节能环保的先进技术和产品，禁止使用国家明令淘汰的产品。

1. 负荷计算

负荷计算主要依据《民用建筑电气设计规范》（JGJ 16—2008），在算转供户电量、最大需量及功率因数调整电费时，应扣除被转供户公用线路与变压器消耗的有功、无功电量。

最大需量按下列规定折算。

（1）照明及一班制：每月用电量 180kWh，折合为 1kW。

（2）二班制：每月用电量 360kWh，折合为 1kW。

(3) 三班制：每月用电量 540kWh，折合为 1kW。

(4) 农业用电：每月用电量 270kWh，折合为 1kW。

2. 无功补偿

无功补偿主要依据《民用建筑电气设计规范》（JGJ 16—2008）、《供配电系统设计规范》（GB 50052—2009），无功电力应就地平衡。用户应在提高用电自然功率因数的基础上，按相关标准设计和安装无功补偿设备，并随负荷和电压变动及时投入或切除，防止无功电力倒送。

除电网有特殊要求的用户外，用户在当地供电企业规定的电网高峰负荷时的功率因数，应达到下列规定：

(1) 100kVA 及以上高压供电的用户功率因数为 0.90 以上。

(2) 其他电力用户中，大、中型电力排灌站、趸购转售电企业，功率因数为 0.85 以上。

(3) 农业用电，功率因数为 0.80。

凡功率因数不能达到上述规定的新用户，供电企业可拒绝接电。对已送电的用户，供电企业应督促和帮助用户采取措施，提高功率因素。

对在规定期限内仍未采取措施达到上述要求的用户，供电企业可中止或限制供电。功率因数调整电费办法按国家规定执行。

3. 中止供电

用户的冲击负荷、波动负荷、非对称负荷对供电质量产生影响或对安全运行构成干扰和妨碍时，用户必须采取措施予以消除。如不采取措施或采取措施不力，达不到国家标准 GB 12326—90 或 GB—1995 规定的要求时，供电企业可中止对其供电。

4. 高压、低压配电系统图审查

高、低压配电系统图，高、低压系统配置图的审查，依据《供配电系统设计规范》、《民用建筑电气设计规范》和《住宅设计规范》的要求进行。

5. 电线、电缆流量确定

电线、电缆载流量，应依据电气设计图，依据《电力工程电缆设计规范》（GB 50217）附录方法确定，也可按各地区按此规范计算得出的电线、电缆载流量及修正系数的有关数据。

6. 自备电源审查

自备电源审查依据见《民用建筑电气设计规范》（JGJ 16—2008）。

7. 配变选择审查

配变选择审查依据见《供配电系统设计规范》（GB 50052—2009）。

8. 低压开关选择审查

低压开关选择审查依据主要见《低压配电设计规范》（GB 50054—2011）。

9. 低压配电线路的保护审查

低压配电线路的保护审查依据见《低压配电设计规范》（GB 50054—2011）。

10. 各种样书审查

变配电设计，设备平面布置图、安装立面图和大样图的审查，依据《10kV 及以下变电所设计规范》、《低压配电设计规范》和《民用建筑电气设计规范》的相关要求进行。

11. 电气测量

电气测量应依据《电力装置的电气测量仪表装置设计规范》（GB 50063—2008）相关要求进行。

12. 继保和自动装置

继保和自动装置依据《电力装置的继电保护和自动装置设计规范》（GB 50062—2008）相关要求进行。

13. 防雷、接地审查

防雷、接地的审查依据《民用建筑电气设计规范》（JGJ 16—2008）防雷、接地相关条文进行。

三、图纸审查的要点

图纸审核时依据以下要点分步骤，分阶段进行。

1. 图纸设计单位资质的审查

受电工程设计单位必须取得相应的设计资质。根据中华人民共和国建设部 2007 年修订的《工程设计资质标准》规定，只要取得工程设计综合资质、电力行业工程设计丙级（变电工程、送电工程）以上资质的企业就可进行客户受电工程的设计。

2. 图纸设计文件审核要点

图纸设计文件审核主要是指与本项目有关的图纸基本情况的审核。

（1）图纸目录，应按顺序列出整套图中各图号、图纸名称、送审部门、张数、附件（证明文件等），并应统计出总自然张数。

（2）设计说明，应包括设计依据和工程概况。

（3）设计依据审查，应包括《供用电方案协议》，是否签名盖章，所依据的标准和规范，甲方提供的相关的、有效的文件等的审查。其中，特别要审查设计图中所采用的设计标准是否正确，是否为现行有效版本，是否符合本工程实际情况。

（4）工程概况，应将《供用电方案协议》中供电方式等主要内容录入，主要包括：电源数或回路数、电源接入点、电源间的联锁方式、计量方式、新装（改造）配变数量和容量、住户数量及住户负荷容量和保安电源配置情况等。

（5）设计范围，应明确设计图的设计范围，比如 10kV 线路、高低压设备、电房和电缆沟土建、低压 0.4kV 线路等。

（6）主要设备和材料清单包括线材的规格和长度，设备的规格和数量等，在前后设计图中对应部分应保持一致，并与工程实际相符。

3. 专业设计图纸审核的要点

具体到专业设计图纸，首先了解专业设计图纸应包括：配电设备变更前、后状况的设备变更图；高、低压配电系统图；高、低压系统配置图（箱式变压器和柱上变压器可合并）；二次接线原理图（包括计量部分）；配电设备平面布置图、安装立面图和大样图；接地网布置图、施工大样图；电房内部相关附件图纸；10kV 线路走向图；电缆管沟施工图；架空线路杆塔装置设计图、杆塔明细表；杆塔土建基础大样图；配网自动化设计施工图等。下面分别就各自的审核要点予以说明。

（1）配电设备变更前、后状况的设备变更图审核。审核要点是电源数或回路数、电源接入点、计量方式、新装（改造）配变数量和容量情况等是否与《供用电方案协议》相符，线路截面能否满足正常运行和故障情况下的保供电负荷正常运行。

（2）高、低压配电系统图审核。审核要点是电源数或回路数、电源接入点、电源间的联锁方式、计量方式、运行方式（明确各种运行方式时高、低压断路器对应状态和高、低压断路器动作配合时间）、新装（改造）配变数量和容量，应急保安电源配置情况和接入点等的审查。

（3）高、低压系统配置图（箱式变压器和柱上变压器可合并）审核。

1）高压侧主要看元件（TV、TA 和避雷器）配置和安装位置是否齐全、合理，联锁关系是否准确、安全，总进线和出线回路的负荷和额定电流计算值是否正确，TV、TA 变比、准确度是否合理，参数选择是否满足要求，保护配置是否合理，计量方式是否按《供用电方案协议》要求，柜型和母线选择是否合理，成套设备必须满足"五防"要求。

2）低压侧则主要审核按负荷等级是否将负荷连接在相应母线段；是否标明设备名称、负荷容量，总进线和出线回路的额定电流计算值是否正确，TA 变比、准确度是否合理，进出线母线（电缆）规格能否满足运行要求，元件参数选择是否满足运行和故障时要求，保护配置是否合理；低压避雷器安装位置、参数选择是否合理；无功补偿量是否按要求配置；配变之间联锁关系、市电和发电之间联锁关系是否准确、安全；低压计量方式是否清晰、正确；断路器极数（三极、四极）是否合理。

3）另外还要审核系统接地形式选择是否正确，接地具体要求是否正确。

（4）二次接线原理图审核。对二次接线原理图，审核的要点是进出线的保护配置、TA 和 TV 接线原理图是否正确，电气联锁触点所在回路、动合和动断方式是否正确，各自投装置逻辑关系是否正确，跟一次接线图所述运行方式是否对应。

（5）配电设备平面布置图、安装立面图和大样图。审核要点在于：

1）电房选址是否合理，设备总体布置是否合理，避免线路间、母线间交叉现象，检修、维护和操作通道是否满足要求。变电所平面布置图应标明变电所方位、标高、各房间名称，标注主要轴线标号、尺寸等，且层次分明；按比例画出高低压配电柜、变压器、直流屏（箱）、电容器柜、母线、穿墙套管、支架等设备的平面布置及安装尺寸，进出线电缆沟或桥架的敷设、走向等。

2）变电所断面图是否正确反映设备位置高度，以及电缆沟及支架安装高度、电缆敷设方式是否符合要求。

3）设备安装图是否标明设备名称和外形尺寸，单面和双面布置时检修、维护和操作通道是否满足要求；无外壳变压器的遮栏高度是否足够，网孔尺寸是否偏大；带外壳变压器的防护等级与布置对应是否合理；设备安装基础图土建要求是否满足荷载要求，尺寸是否正确。

4）对电房的土建要求，要看是否满足防火、防水、通风、采光、防小动物等要求，门窗尺寸、预留埋管位置是否合理。

5）接地网布置图、施工大样图中，重点审查接地极和接地线的平面布置是否合理，是否说明材料规格、埋设方式、埋设深度、焊接长度、接地电阻要求等。

（6）电房内部相关附件图纸，按实际需要审核。

（7）线路走向图。线路走向审核主要看线路走廊是否符合城市规划要求，电缆管沟是否适应配网规划和城市规划。

（8）电缆管沟施工图。电缆管沟施工图审核要点是看是否采用现有《南方电网配网典型设计》，非标情况下，其形式是否合理。

（9）架空线路杆塔装置设计图、杆塔明细表。架空线路杆塔装置设计图、杆塔明细表审核要点在于杆塔型式及挡距是否合理，杆塔装置、柱上变压器等装置方案是否采用现有《南方电网配网典型设计》方案；非标准情况下，其形式是否安全、合理；杆塔明细表标明杆塔的型式，转角度数，挡距及耐张段长，水泥杆拉线及拉线盘配置，导线的防震锤配置，接地装置，交叉跨越等是否符合要求。

（10）杆塔土建基础大样图。杆塔土建基础审核要点是非常规地形，是否根据地质条件，提供地质勘探报告，提供相应的土建基础施工设计图纸。

（11）配网自动化设计施工图。配网自动化设计装置审核要点主要是看是否按地区类别配置，TA 的配置、变比、准确度是否正确，低压交流电源如何接取，解决无低压交流电源时的方案等。

第四节　图纸审核风险分析及预防措施

一、图纸审核危险点分析

图纸审核过程中，会存在很多被忽略或者不清楚的地方，如果没有注意，有可能会是后面施工或者运行过程的危险点，主要的危险点在于图纸审查人员对图纸存在疑难问题以及图纸审查人员与设计单位产生意见分歧等。

二、图纸审核预控措施

图纸审核时一定要做到细致严谨，防患于未然，预控措施通常有以下几点。

（1）在审图时遇有难点、疑点，应及时汇报，组织会审，形成一致意见。

（2）审图意见与设计单位意见有较大的分歧时应及时向上级领导报告。必要时应与设计单位交流讨论，达成一致意见。

（3）图纸设计单位必须是经国家认定资质并具有资格证书。每一页设计图纸必须盖有设计单位的设计专用章且有制图、设计、审核人员签名。

第五节 典 型 工 作 案 例

[案例一] 10kV 低压电网配变、低压开关和线材规格的选型审查

（一）低压变压器的选择相关规范

《供配电系统设计规范》（GB 50052—2009）第 7.0.7 条：在低压电网中，宜选用 Dyn 11 结线组别的三相变压器作为配电变压器。

《10kV 及以下变电所设计规范》（GB 50053—94）第 3.3.2 条：装有两台及以上变压器的变电所，当其中任一台变压器断开时，其余变压器的容量应满足一级负荷及二级负荷的用电。

《民用建筑电气设计规范》（JGJ 16—2008）第 4.3.2 条：配电变压器的长期工作负载率不宜大于 85%。

《民用建筑电气设计规范》第 4.3.6 条：变压器低压侧电压为 0.4kV 时，单台变压器容量不宜大于 1250kVA。预装式变电所变压器，单台容量不宜大于 800kVA。

（二）低压开关选择的相关规范

《低压配电设计规范》（GB 50054—2011）第 3.1.4 条：在 TN-C 系统中不应将保护接地中性导体隔离，严禁将保护接地中性导体接入开关电器。

《民用建筑电气设计规范》（GB J16—2008）第 4.4.12 条：对于电压为 0.4kV 系统，开关设备的选择应符合下列规定。

（1）变压器低压侧电源开关宜采用断路器。

（2）当低压母线分段开关采用自动投切方式时，应采用断路器，且应符合下列要求。

1）应装设"自投自复"、"自投手复"、"自投停用"三种状态的位置选择开关。

2）低压母联断路器自投时应有一定的延时，当电源主断路器因过载或短路故障分闸时，母联断路器不得自动合闸。

3）电源主断路器与母联断路器之间应有电气连锁。

（3）低压系统采用固定式配电装置时，其中的断路器等开关设备的电源侧，应装设隔离电器或同时具有隔离功能的开关电器。当母线为双电源时，其电源或变压器的低压出线断路器和母线联络断路器的两侧均应装设隔离电器。与外部配变电所低压联络电源线路断路器的两侧，亦均应装设隔离电器。

《民用建筑电气设计规范》第 7.5.3 条，三相四线制系统中四极开关的选用，应符合下列规定。

（1）保证电源转换的功能性开关电器应作用于所有带电导体，均不得使这些电源并联。

（2）TN-C-S、TN-S 系统中的电源转换开关，应采用切断相导体和中性导体的四极开关。

（3）正常供电电源与备用发电机之间，其电源转换开关应采用四极开关。

（4）TT 系统的电源进线开关应采用四级开关。

（5）IT 系统中当有中性导体时应采用四极开关。

《民用建筑电气设计规范》第 7.5.4 条，自动转换开关电器（ATSE）的选用应符合下列规定：

（1）应根据配电系统的要求，选择高可靠性的 ATSE 电器，其特性应满足现行国家标准《低压开关设备和控制设备》（GB/T 14048.11）的有关规定。

（2）ATSE 的转换动作时间，应满足负荷允许的最大断电时间的要求。

（3）当采用 PC 级自动转换开关电器时，应能耐受回路的预期短路电流，且 ATSE 的额定电流不应小于回路计算电流的 125%。

（4）当采用 CB-ATSE 为消防负荷供电时，应采用仅具短路保护的断路器组成的 ATSE，其保护选择性应与上下级保护电器相配合。

（5）所选用的 ATSE 宜具有检修隔离功能；当 ATSE 本体没有检修隔离功能时，设计上应采取隔离措施。

（6）ATSE 的切换时间应与供配电系统继电保护时间相配合，并应避免连续切换。

（7）ATSE 为大容量电动机负荷供电时，应适当调整转换时间，在先断后合的转换过程中保证安全可靠切换。

（三）低压线材选择的相关规范

《民用建筑电气设计规范》（JGJ 16—2008）第 7.4.2 条，低压配电导体截面的选择应符合下列要求：

（1）按敷设方式、环境条件确定的导体截面，其导体载流量不应小于预期负荷的最大计算电流和按保护条件所确定的电流。

（2）线路电压损失不应超过允许值。

（3）导体应满足动稳定与热稳定的要求。

（4）导体最小截面应满足机械强度的要求，配电线路每一相导体截面不应小于表 4-1 的规定。

表 4-1　　　　　　　　　　导体最小允许截面

布线系统形式	线路用途	导体最小截面（mm²）	
		铜	铝
固定敷设的电缆和绝缘电线	电力和照明线路	1.5	2.5
	信号和控制线路	0.5	
固定敷设的裸导体	电力（供电）线路	10	16
	信号和控制线路	4	
用绝缘电线和电线	任何用途	0.75	
电缆的柔性连接	特殊用途的特低压电路	0.75	

[案例二] 供配电图纸审核问题案例

图 4-2 所示为某 10kV 变电所一次线路图，该图存在哪些问题呢？

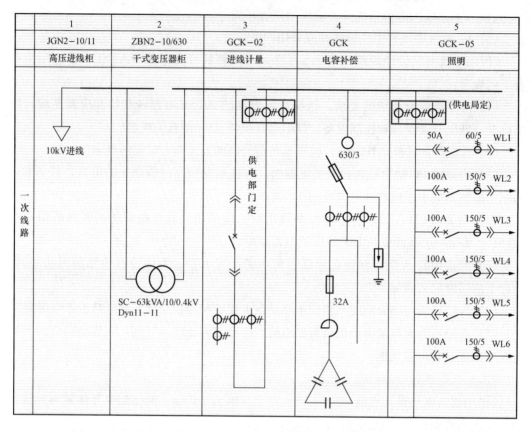

图 4-2 某 10kV 变电所一次线路图

问题分析：如图 4-2 所示，该 10kV 变电所高压（中压）进线侧不设开关不符合《供配电系统设计规范》第 6.0.10 条"由建筑物外引入的配电线路，应在室内靠近进线点便于操作维护的地方装设隔离电器"；也不符合《10kV 及以下变电所设计规范》（GB 50053—94）第 3.2.13 条（强标）"变压器一次侧开关的装设，应符合下列规定：一、以树干式供电时，应装设带保护的开关设备；二、以放射式供电时，宜装设带保护的开关设备。当在本配电所内时，可不装设开关。"

××供电所图纸审核表，见表 4-2。

表 4-2   ××供电所图纸审核表

工程名称	×××××××临电工程
设计单位	××××机电工程有限公司
图纸编号	

续表

审核意见：审查不合格

供电部分：

该 10kV 变电所高压（中压）进线侧不设开关不符合《供配电系统设计规范》第 6.0.10 条由建筑物外引入的配电线路，应在室内靠近进线点便于操作维护的地方装设隔离电器。

也不符合《10kV 及以下变电所设计规范》（GB 50053—94）第 3.2.13 条（强标）"变压器一次侧开关的装设，应符合下列规定：一、以树干式供电时，应装设带保护的开关设备；二、以放射式供电时，宜装设带保护的开关设备。当在本配电所内时，可不装设开关。"

无功补偿电容柜主开关的长期允许电流偏小，未乘 1.5 的系数，不符合《10kV 及以下变电所设计规范》第 5.1.2 条。

审核人（签名）：　　年　月　日

执行情况

执行人（签名）：　　　　　　　　日期：　　年　月　日

说明：请对照审核意见填写执行情况并签名后，将本表随复审图纸一起送回。

思　考　题

1. 图纸审核的基本内容有哪些？
2. 一般情况下，对图纸审核的时间有哪些要求？
3. 简述高、低压配电系统图的审图要点。
4. 图纸审核的主要危险点有哪些？如何采取相应的预控措施？

第五章 中间检查

第一节 基础知识

一、中间检查的基本概念

中间检查指用电检查人员对客户受电工程的隐蔽工程的检查，指电缆管（沟、隧道）、电缆中间头制作、电缆敷设、接地装置的埋设等隐蔽工程是否符合技术规程的要求。

中间检查由用户向供电企业提出申请，并递交相关的申请材料。申请材料应包括：中间检查报验单、隐蔽工程的施工记录、接地电阻测量记录等其他必要的资料或记录。中间检查报验单主要包括中间检查报验单位名称、申请报验项目名称、地点、承建单位名称及相关资质证明，联系人及其电话等。

供电企业应通过有效方式提醒用户申请中间检查。

二、中间检查中检查人员的职责

用电检查人员应依据国家、上级单位颁发的法规、规程、规定、制度、办法等认真履行中间检查职责。

（1）首先在赴现场执行中间检查任务时，应随身携带《用电检查证》，并按《客户受电工程中间检查意见书》规定项目和内容进行检查。

（2）用电检查人员在执行中间检查任务时，应遵守客户的保卫保密规定，不得在检查现场替代客户进行电工作业。

（3）用电检查人员必须遵纪守法，依法检查，廉洁奉公，不徇私舞弊，不以电谋私。

违反本条规定者，依据有关规定给予经济的、行政的处分；构成犯罪的，依法追究其刑事责任。

第二节 中间检查工作内容和流程

一、中间检查工作内容

施工过程中的中间检验是电气安装工程的重要工作之一，对电气系统功能是否安全、施工质量是否能够达到设计及有关技术标准的要求起着非常重要的作用，以下分述主要的中间检查工作内容和检查要点。

（一）电缆中间检查内容

1. 质量控制资料及安全功能检测记录

质量控制资料及安全功能检测记录包括：

（1）初制件/砂石、石、水泥/商品砼、钢材等原材料出厂合格证及进场验收报告。

（2）混凝土试块试验报告。

（3）接地电阻测试报告。

（4）隐蔽工程验收记录表。

（5）施工单位三级自检记录。施工单位内部质量检验应采用三级检验制度，即：

1）施工队（班）对所施工的分项工程应进行100%的质量自检。

2）工程处（项目部）对所负责施工的分项工程、分部工程、单位工程组织质量检查，复检比例不宜低于50%。

3）公司（质检部）所负责施工的分部工程、单位工程组织检查，抽检比例不宜低于20%。

2. 监理过程质量控制资料

监理过程质量控制资料包括：

（1）旁站记录。

（2）见证记录。

（3）监理初检验收报告。

（4）监理初检验收消缺整改记录。

3. 实体（观感）质量

（1）电缆沟、电缆井尺寸符合。

（2）对电缆沟、电缆井外观检查，表面应平整、光滑、无缺陷，沟内应无杂物。

（3）电缆沟沟底坡度符合要求。

（4）电缆沟、电缆井转弯半径符合要求。

（5）电缆支架安装情况。

（6）电缆沟、电缆井、电缆槽盒盖板情况。

（7）电缆槽盒、电缆管埋设深度。

（8）电缆管管口、管内的畅通检查，管口应光滑，无毛刺、无变形；管内无杂物、管口装有堵头。

（9）电缆隧道（初留孔洞符合设计要求；通风设施符合设计要求；排水、防水设施符合设计要求，平直美观；沟底排水畅通、无明显积水；照明设施符合设计要求；施工缝、伸缩缝符合设计要求）。

（10）电缆托架配制情况合理。

（11）镀锌层情况。

（12）桥架布置及间距。

（13）桥架最上层至沟顶、楼板及最下层至沟底、地面的距离。

（14）在有坡度的电缆沟或建筑物上电缆架布置，与电缆沟或建筑物同坡度布置电缆桥架安装情况。

（15）电缆托架安装情况。

（16）电缆架及竖井保护罩的焊缝油漆情况。

（17）排水、防水设施要符合设计要求和 GB 50168—2006 第 7.0.2 条要求。

（18）电缆支架、电缆桥架全长接地。

（19）接地装置的敷设。

（20）接地引出线规格、位置、数量、长度。

（21）接地体连接，要求搭接长度：圆钢双面焊不小于 6d，扁钢四面焊不小于 2 倍宽度。

（22）接地体防腐处理情况。

（23）接地电阻值是否符合要求。

（24）回填土，无沉陷，防沉层整齐美观。

（二）开关站及变配电房土建工程阶段中间验收的内容

1. 质量控制资料及安全功能检测记录

（1）砖、砂石、石、水泥/商品砼、钢材等原材料出厂合格证及进场检（试）验报告。

（2）混凝土原材料及砼试件的试验报告。

（3）地基验槽验收记录。

（4）接地电阻测试记录。

（5）隐蔽工程验收记录。

（6）屋面淋水试验记录。

（7）施工单位三级自检记录。

2. 监理过程质量控制资料

（1）旁站记录。

（2）见证记录。

（3）监理初检验收报告。

（4）监理初检验收消缺整改记录。

3. 实体（观感）质量

（1）基础外露部分混凝土结构外观观感质量，平整、光洁、方正。

（2）基础尺寸，符合设计及规范要求。

（3）房间以及门窗尺寸、数量，符合设计及规范要求。

（4）楼、地面工程外观观感质量，平整、光洁、顺直。

（5）内、外墙面观感质量。

（6）地面平整度不大于 5mm。

（7）墙面垂直度不大于 4mm。

（8）天面防水，无渗漏、无积水。

（9）洒水、台阶、阴沟，平整、光洁、不积水。

（10）电缆沟：尺寸符合设计及规范要求，支架安装符合设计及规范要求，沟内清洁、室内电缆沟无积水，盖板材料规格符合设计要求。

（11）接地装置的敷设。

（12）接地引出线规格、位置、数量、长度。

（13）接地体连接，搭接长度：圆钢双面焊不小于 6d，扁钢四面焊不小于 2 倍宽度。

（14）接地体防腐。

（15）接地电阻值。

（16）回填土，无沉陷，防沉层整齐美观。

（17）基础型钢接地点数不小于 2 点。

（18）基础型钢水平度和不直度允许误差：每米小于 1mm，全长小于 5mm。

（19）防火封堵。

（20）防小动物措施，包括：与外界相通的门、窗、通风口等，应安装防小动物网罩。网罩网孔尺寸符合设计及运行部门相关规定要求，门口内侧应装有防鼠板。防鼠板尺寸符合设计及运行部门相关规定要求。

（21）通风机、加热器及环境控制装置的安装质量。

（22）室内照明、应急灯、排风扇、灭火器。

（三）电缆敷设中间检查的要点

（1）敷设电缆规格。

（2）电缆沟深度、弯度及沟底处理。

（3）电缆接头处理情况。

（4）抗压保护、防腐措施。

（5）电缆直埋深度是否合格。

（6）电缆接头是否安装正确，相色是否标明。

（7）电缆终端头接地线是否按要求露出于高压环网柜外。

（8）电缆是否按设计图施工。

（9）电缆接力井是否正确。

（10）电缆的走向（含明、暗沟、穿管）是否正确标明。

（11）电缆穿管剖面图是否正确。

（12）电缆直埋段的标桩是否正确充足。

（13）电缆是否按规定上架。

（14）电缆终端头、中间头、沟内直线敷设 30m 处、沟内转角处、沟内穿管处、沟内顶管处是否按照要求绑扎电缆牌。

（15）环网柜及变压器电缆入口是否有效封堵。

(16) 环网柜内及变压器是否清洁。

(17) 电缆沟是否恢复完好，穿管门是否封堵，施工垃圾是否清洁。

(18) 电缆中间头相对具体位置（永久参照物）是否正确标明。

(19) 电缆解口是否将前、后段电缆标示牌全部重新更改。

(20) 电缆头挂牌内容是否符合要求。

（四）接地装置中间检查的要点

(1) 地级规格数量及分布情况。

(2) 扁铁或圆钢规格、长度。

(3) 施工质量检查。

(4) 接地沟深度。

(5) 现场接地电阻测量结果螺栓的规格。

（五）杆塔基础中间检查要点

(1) 杆坑的规格。

(2) 绑扎钢筋及踏脚。

(3) 浇制的程序。

(4) 预制基础的埋设。

(5) 接地装置的安装。

（六）其他中间检查

(1) 施工是否符合设计要求。

(2) 施工工艺是否符合国家有关标准。

(3) 受电设施是否存在安全隐患。

(4) 是否存在其他影响使用安全的情况。

二、中间检查作业流程

用电检查人员进行中间检查时必须依据电网公司的作业流程进行，如图 5-1 所示。

第三节　中间检查技术规范

一、中间检查依据、规范性引用文件

1. 中间检查依据

为规范电力用户受电工程中间检查行为，有效监督供电企业正确履行职责，保障供电安全，全面推进受电工程市场规范化建设工作。依据《电力供应与使用条例》、《供电监管办法》、《供电营业规则》、《用电检查管理办法》等，进行用户受电工程的中间检查。

2. 中间检查规范性引用文件

结合广东省的实际，广东电网中间检查规范性引用文件应包括：

《中华人民共和国电力法》（中华人民共和国主席令第 60 号）

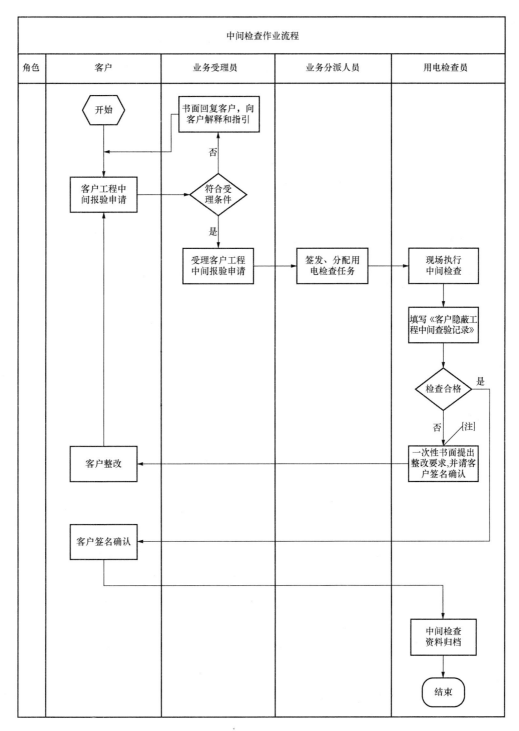

注: 对隐蔽工程存在的问题一次性书面提出整改要求,供用电双方对整改要求应签名确认。客户根据整改
要求进行整改,整改完毕,重新报验

图 5-1 中间检查作业流程

《供电监管办法》（国家电监会 27 号令）

《用电检查管理办法》（中华人民共和国电力工业部令第 6 号）

《供电营业规则》（中华人民共和国电力工业部令第 8 号）

《电力供应与使用条例》（中华人民共和国国务院令第 196 号）

《电业安全工作规程》（DL 409—91）

《用电检查技术标准汇编》

《电气装置安装工程施工及验收规范汇编》

《广东电网公司电力营销管理规范（试行）》

《电力营销业务法律指引》

二、中间检查相关重要条例

（1）国家电监会 27 号令第十二条：电力监管机构对供电企业向用户受电工程提供服务的情况实施监管。

（2）在《中华人民共和国电力法》（中华人民共和国主席令第 60 号）中，相关条例有：

第五十六条　电力管理部门依法对电力企业和用户执行电力法律、行政法规的情况进行监督检查。

第五十七条　电力管理部门根据工作需要，可以配备电力监督检查人员。电力监督检查人员应当公正廉洁，秉公执法，熟悉电力法律、法规，掌握有关电力专业技术。

第五十八条　电力监督检查人员进行监督检查时，有权向电力企业或者用户了解有关执行电力法律、行政法规的情况，查阅有关资料，并有权进入现场进行检查。

电力企业和用户对执行监督检查任务的电力监督检查人员应当提供方便。电力监督检查人员进行监督检查时，应当出示证件。

以上条例说明了中间检查的必要性和法律依据。实际工作时，供电企业在对用户受电工程建设提供必要的业务咨询和技术标准咨询时，特别应当执行国家的有关标准，如在实施对用户受电工程进行中间检查和竣工检验时，发现用户受电设施存在故障隐患，应当及时一次性书面告知用户并指导其予以消除；发现用户受电设施存在严重威胁电力系统安全运行和人身安全的隐患时，应当指导其立即消除，在隐患消除前不得送电。

第四节　中间检查作业步骤和标准

中间检查作业包括如下六个步骤：

一、中间检查作业前的准备

（1）业务分派人员应根据中间检查的内容和用电检查人员的资格，合理地安排检查工作，并审核客户工程施工单位是否取得电力管理部门颁发的《承装（修）电力设施许可证》。

（2）用电检查人员应根据分配的中间检查内容，准备好工器具、交通工具以及必要的通信工具，佩带好用电检查证，穿戴好棉质工作服、安全帽，并检查工器具是否合格，绝缘，有无破坏等。

二、受理客户中间检查申请

客户受电工程施工进度到了直埋电缆，接地装置、杆塔基础等施工时，客户应书面向供电企业提出中间报验申请。业务受理员应严格按照业务办理手续和相关规范受理客户中间检查申请。对客户受电工程启动中间检查的期限，自接到客户申请之日起，低压供电客户不超过 3 个工作日，高压供电客户不超过 5 个工作日。

三、签发、分配中间检查任务

（1）用电检查工作单相关信息填写必须规范、项目齐全，且与营销系统及客户档案上的信息对应，签发人在签发前必须认真核对清楚。

（2）用电检查工作必须以小组形式开展，每组不得少于两人，并应选定经验较为丰富、熟悉客户现场运行情况、沟通能力较强的人员担任工作组负责人。

（3）0.4kV 的受电工程由三级或以上的用电检查员进行检验，10kV 的受电工程由二级或以上的用电检查员进行查验。

四、现场执行中间检查

（1）提前电话联系客户，预约检查时间，落实客户方熟悉用电情况的电气工作负责人或电工随同配合检查。

（2）进入客户的厂区应遵守客户出入厂区管理规定。进行用电检查前向客户出示"用电检查证"，工作负责人向客户代表解释说明检查原因和内容。

（3）根据中间检查的特定检查内容进行详细检查：

1）用电检查员应严格依照《供电营业规则》及其他相关规则规定要求的内容进行中间检查。

2）检查施工单位是否按审批通过的工程设计图纸资料施工。

3）检查安装质量、施工工艺和工程选用材料是否符合设计及安装规范要求；设备安装是否符合电业安全工作规程。

4）检查隐蔽工程的施工记录，施工单位的隐蔽工程验收单及技术文件资料是否齐全。

5）按照《客户隐蔽工程中间检查记录》表中的内容逐项检查隐蔽工程，如：电缆沟的施工和电缆头的制作、接地装置的埋设等是否符合有关规范的要求，杆、塔基础等。

五、填写客户隐蔽工程中间检查记录

（1）检查人员在中间检查现场应及时做好记录，并根据现场检查的情况如实填写《客户隐蔽工程中间检查记录》。

（2）要求填写规范、准确、条目清晰。用电检查人员核对无误、无漏后签名确认，并请客户核对后签名确认。

（3）对隐蔽工程存在的问题一次性书面提出整改要求，供用电双方对整改要求应签名确认。客户根据整改要求进行整改，整改完毕，重新报验，返回"客户工程中间报验申请"。

六、中间检查资料归档

用电检查员应及时将相关中间检查资料汇总整理，按照要求归档，并将资料实体交档案管理员处理，进入用电档案管理流程。

第五节　中间检查风险分析及预防措施

一、风险点分析

（1）基建施工器械伤人；高空坠物等现场安全。

（2）发生交通事故。

（3）狗咬、蛇伤、蜂蜇。

（4）麻痹、违章、触碰其他带电设备。

（5）徇私舞弊，以电谋私。

（6）未向客户明确说明来意和进行用电检查的依据，造成客户误解。

二、预控措施

（1）用电检查前，戴好安全帽，穿好工作服，确保工器具合格无安全隐患，并与客户双方做好安全技术交底。

（2）严格遵守交通法规及各级交通安全管理规定、车辆使用管理规定。

（3）发现狗、蛇、蜂窝时注意躲避，必要时持棒而行，不要触碰蜂窝；准备治疗狗咬、蛇伤、蜂蜇的药品。

（4）工作中如遇有雷雨、大风、大雾、冰雹等恶劣天气时必须停止工作。

（5）用电检查人员要充分注意自身安全，进入施工现场要严格遵守《电业安全工作规程》的相关规定与要求。

（6）在现场进行用电检查时应注意观察好作业环境，保持安全距离。严格执行全过程安全监护，确保人身、设备安全，做到无替代客户进行电工作业行为。

（7）违反本条规定者，依据有关规定给予经济的、行政的处分；构成犯罪的，依法追究其刑事责任。

（8）耐心向客户说明来意及进行用电检查的依据，解释日常用电检查的合法性和必要性，言行有礼，谈话注意技巧。

（9）用电检查员在中间检查时遇有难点、疑点，应及时汇报，协调解决。

第六节　工 作 表 单

表5-1是用电检查人员对客户受电工程中间检查意见书的工作单。要求用电检查人员对直埋电缆、接地装置、杆塔基础及户内情况等逐一进行检查，再给出检查结论。

表 5 - 1　　　　　　　　　　　　　　客户受电工程中间检查意见书

客户名称：×××股份有限公司	工作单号：123456789
用电地址：××区西南街道广海大道C区108号	报装容量：100kVA
客户联系人：林某	联系电话：13901234567
受理日期：××年09月25日	业务受理人员：叶某

　　本户受电工程已委托由承装（修）电力设施许可证单位安装，隐蔽工程现已施工完毕，经过自检，工程质量符合国家及电力行业验收标准、技术规范的要求，现向供电部门报请中间检查。

　　　　　　　　客户签名（盖章）：林某　　　　　　　　　　　　　施工单位（盖章）：谭某

中间检查项目		是否符合标准	中间检查项目		是否符合标准
□直埋电缆	埋地电缆规格	☑是 □否	□杆塔基础	杆坑的规格	☑是 □否
	电缆沟深度、弯度及沟底处理	☑是 □否		绑扎钢筋及塔脚螺栓规格	☑是 □否
	接头处理情况	☑是 □否		浇制的程序	☑是 □否
	抗压保护、防腐措施	☑是 □否		预制基础的埋设	☑是 □否
□接地装置	地极规格、数量及分布情况	☑是 □否		接地装置的安装	☑是 □否
	扁铁或圆钢规格、长度	☑是 □否	□其他		□是 □否
	施工质量	☑是 □否			□是 □否
	接地沟深度	☑是 □否			□是 □否
	现场接地电阻测量结果	☑是 □否			□是 □否

中间检查意见	客户确认检查意见
检查意见： 查验合格 检查单位（盖章）： 用电检查人签名：邓某某　严某某 检查日期：××年09月27日	客户意见： 无 客户（代表）签名：林某 确认日期：××年09月27日

注　1. 客户受电工程中间检查项目内容依据：审核合格签章的设计图纸、《电力供应与使用条例》（中华人民共和国国务院第196号令）、《供电营业规则》（电力工业部第8号令）、供电监管办法（国家电力监管委员会第27号令）、供配电系统设计规范（GB 50052—95）、10kV及以下配电站设计规范（GB 50053—94）、低压配电设计规范（GB 50054—95）、3～110kV高压配电装置设计规范（GB 50060—92）、客户受电工程竣工检验规范。

　　2. 中间检查期限：自受理客户中检查申请之日起，至出具《客户受电工程中间检查意见书》之日止，低压电力客户不超过3个工作日，中高压电力客户不超过5个工作日。

　　3. 如整改要求内容较多，可填写在背面"中间检查整改详细内容"。本意见书一式两份，供电企业、客户各执一份。

⭐ 思 考 题

1. 执行中间检查的主要内容和检查人员的职责有哪些?
2. 中间检查技术规范有哪些?
3. 中间检查风险的预控措施有哪些?

第六章 竣 工 检 验

用电检查部门为配合业扩部门工作，对客户新装工程进行中间检查和竣工检验，中间检查主要针对客户的隐蔽工程。竣工检验项目包括高压装置、开关、变压器等设备。

第一节 竣 工 检 验 概 述

一、竣工检验的基本概念

竣工检验是指客户的受电工程施工完毕后向供电企业提交必要的竣工资料并提出验收申请，由供电企业组织检查人员按照国家电气装置安装工程施工及验收规范等相关行业标准对客户电气工程进行查验的工作。

用户在自竣工检验，监理单位预竣工检验合格后，还需向供电企业申请竣工检验，并递交相关的申请材料。申请材料应包括：竣工报验单、竣工验收报告和缺陷整改记录、工程竣工图及说明、电气试验及保护整定调试记录、安全工器具的试验报告、隐蔽工程的施工及试验记录、运行管理的有关规定和制度、值班电工名单及资格、供电企业认为必要的其他资料或记录。其中，竣工报验单主要包括：竣工报验单位名称、申请报验项目名称、地点、承建单位名称及相应资质证明，联系人及其电话等。

二、竣工检验的标准

工程竣工检验作为电力工程的一个必要的基本环节，也应符合有关电力建设施工、竣工检验及质量验评标准、规范的要求。基本要求有：

（1）工程设备均应满足供电部门配电网安全、健康、环保设施标准要求，挂贴设备标志牌。

（2）应提供工程电子化资料移交完成清单。

（3）提供工程中间检查记录和隐蔽工程记录。

三、竣工检验的组织实施

工程竣工检验一般采用三级检查机制，即施工单位自检竣工检验，监理单位预竣工检验及供电部门工程项目管理部门组织的竣工检验。

（1）施工单位在完成承包合同范围内的工程项目后，应按照国家及行业、企业的有关标准、规范、设计文件，在阶段工程或全部工程完工后组织自检竣工检验，经监理单位和施工单位预竣工检验合格后，由工程施工单位以书面报告形式向供电部门工程项目管理部门提交书面申请，并按供电部门要求实现电子化移交后，准备工程竣工检验。施工单位根据工程竣工要求，还需提供相应的工程竣工资料并安排相关专业技术人员，配合竣工检验工作。

（2）供电单位的工程项目管理部门对检验资料进行审查，确认审查合格后，及时组织竣工检验工作。

（3）竣工检验时发现的问题，由供电部门竣工检验人员发出整改通知书，提出限期整改意见。工程施工单位在整改完成后，再次提出书面竣工检验申请，对整改问题进行竣工检验，直至工程竣工检验合格。

（4）竣工检验合格的工程，工程建设单位应妥善保存竣工资料（含电子化移交资料），并与供电部门签订供用电合同。竣工资料的具体内容包括：架空配电线路工程竣工检验及资料移交，电缆工程竣工检验及资料移交，变压器竣工检验及资料移交，高压开关柜竣工检验及资料移交，低压配电柜竣工检验及资料移交，户外装置竣工及资料移交，母线竣工及资料移交，盘、柜及二次回路结线竣工检验与资料交接，电能计量装置竣工及资料移交，直流电源系统竣工及资料移交。

四、竣工检查的依据规程规范

电气工程竣工检验应符合国家技术规程、规范和企业技术标准、管理规定。凡是注日期的引用文件，其随后所有的修改单（不包括勘误的内容）或修订版均不适用于本规范。凡是不注日期的引用文件，其最新版本适用于本规范。

《电力工程电缆设计规范》（GB 50217—2007）

《供配电系统设计规范》（GB 50052—95）

《10kV 及以下配电站设计规范》（GB 50053—94）

《低压配电设计规范》（GB 50054—95）

《3～110kV 高压配电装置设计规范》（GB 50060—92）

《工业企业噪声控制设计规范》（GBJ 87—1985）

《声环境质量标准》（GB 3096—2008）

《电力设施抗震设计规范》（GB 50260—1996）

《建筑照明设计标准》（GB 50034—2004）

《民用建筑照明设计标准》（GBJ 133—90）

《民用建筑电气设计规范》（JGJ 16—2008）

《交流电气装置的接地》（DL/T 621—1997）

《电气装置安装工程高压电器施工及验收规范》（GBJ 147—90）

《电气装置安装工程电力变压器、油浸电抗器、互感器施工及验收规范》（GBJ 148—90）

《电气装置安装工程母线装置施工及验收规范》（GBJ 149—90）

《电气装置安装工程电气设备交接试验标准》（GB 50150—2006）

《电气装置安装工程电缆线路施工及验收规范》（GB 50168—2006）

《电气装置安装工程接地装置施工及验收规范》（GB 50169—2006）

《电气装置安装工程盘、柜及二次回路结线施工及验收规范》（GB 50171—92）

《电气装置安装工程蓄电池施工及验收规范》（GB 50172—92）

《电气装置安装工程电缆线路施工及验收规范》（GB 50168—2006）

《电气装置安装工程 35kV 及以下架空电力线路施工及验收规范》（GB 50173—92）

《架空绝缘配电线路施工及验收规范》（DL/T 602—1996）

《电气装置安装工程低压电器施工及验收规范》（GB 50254—96）

《干式电力变压器技术参数和要求》（GB/T 10228—2008）

《架空绝缘配电线路设计技术规程》（DL/T 601—1996）

《架空配电线路设计技术规程》（SDJ 206—1987）

《电能计量装置技术管理规程》（DL/T 448—2000）

《低压母线槽选用安装及验收规范》（CECS 170—2004）

《施工现场临时用电安全技术规范》（JGJ 46—2005）

《安全帽》（GB 2811—2007）

《安全色》（GB 2893—2008）

《安全标志及其使用导则》（GB 2894—2008）

《安全带》（GB 6095—2009）

《广东省 10kV 及以下业扩工程的竣工检验规范》

国家电力监管委员会《供电监管办法》（电监会 27 号令）

第二节　竣工检验工作内容和流程

一、竣工检验工作流程

竣工检验是电力工程施工收尾阶段的一项重要工作，为保障工程质量，竣工检验依据相关电网公司的工作流程进行，如图 6-1 所示。

二、竣工检验的检查内容细则

竣工检验需检查的内容较多，常规的内容和细则有：

（一）用户、施工、设计、监理单位基本信息核对

（1）用户名称、用电地址、法定代表人、电气负责人、联系电话等信息与申请资料一致性。

（2）工程承建单位资质的合法性和有效性。

（3）报验资料中所提供的电气设备生产厂家与现场是否相符。

（4）电气设备是否符合国家的政策、法规，是否存在使用国家明令禁止的电气产品。

（5）现场电气设备的容量、尺寸等相应的配置是否与设计图纸相符。

（6）有无冲击负荷、非对称负荷及谐波源设备等非线性用电设备，是否采取有效的治理措施。

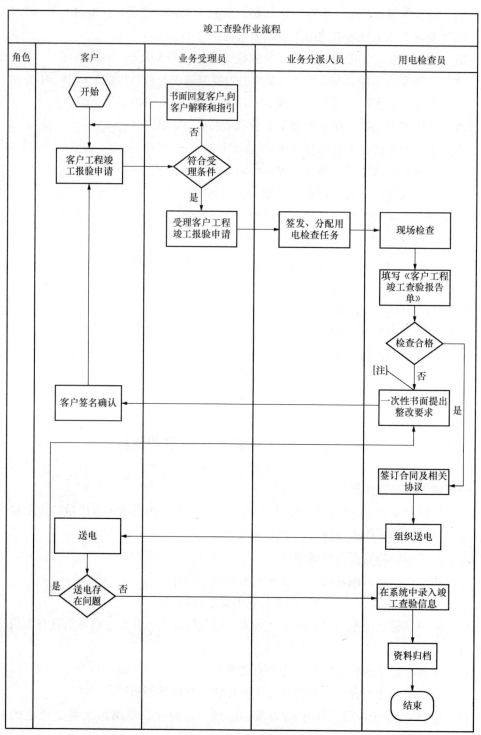

注：对存在的问题一次性书面提出整改要求，供用电双方对整改要求应签名确认。客户根据整改
要求进行整改，整改完毕，重新报验。

图 6-1 竣工检验作业流程

（7）是否有多种性质的用电负荷存在。

（二）受电线路竣工检查的内容

（1）架空和电缆线路的安全距离及附属装置符合规范要求。

（2）柱上开关、跌落式熔断器、避雷器等安装正确。

（3）接地装置连接可靠。

（4）线路命名符合要求，架空杆号牌设置明显。

（5）线路相位正确。

（6）电缆路径标识明显，支架安装牢固，防护措施完善。

（三）配电室竣工检查的内容

1. 配电室竣工验收的通用要求

（1）房屋建筑防火、防汛、防雨冰冻、防小动物等措施完善，通风良好。

（2）配电室周围通道畅通，道路平整。

（3）通风窗口应配置钢网。

（4）配电室内环境整洁，地面、通道无杂物堆放。

（5）设备命名正确。（包括出线开关命名）

（6）室内照明符合要求。

（7）电缆沟内不积水，盖板平整完好，符合防火要求，电缆孔（洞）已封堵。

（8）墙上隔离开关安装位置正确，操作灵活，安全距离符合要求。

（9）高低压配电设（施）备安装位置、通道距离符合要求。

2. 变压器室竣工检查的内容

（1）宽面推进的变压器低压侧宜向外，窄面推进的变压器油枕宜向外。

（2）10kV 变压器外壳（含防护外壳）与变压器墙壁净距符合要求。

（3）10kV 变压器室内若装有负荷开关，隔离开关和熔断器的，其操作机构应装在近门处。

（4）变压器室防火性能符合要求。

（5）变压器室大门一般按变压器外形尺寸加 0.5m。

（6）变压器室地面的强度应满足变压器荷载的要求。

（7）民用主体建筑内附设的可燃油浸式变压器室，应设置容量为 100％变压器油量的储油池。

（8）变压器室内变压器基础正上方应预埋用于变压器吊芯的吊点并在变压器大门对侧墙体预埋用于拖拉就位的挂点，吊点挂点拉力应满足吊装或拖拉的要求。

（9）变压器室的 10kV 墙隔离开关需配备 800mm 延伸管，至地面的最小安全净距为 3.0m，操作机构至地面距离为 1.2m。

3. 高压配电室竣工检查的内容

（1）高压配电室窗的验收。

（2）高压配电室各种通道最小宽度（净距）的验收。

（3）长度大于7m的高压配电室应设两个出口，并布置于配电室两端，位于楼上的配电室至少应设一个出口通向室外的平台或通道。

（4）配电室内裸带电部分上方不应布置照明或电力线路跨越。

（5）配电室的门应为向外开的防火门，门上应装有弹簧锁，相邻配电室之间有门时，应能向两个方向开启。

4. 低压配电室竣工检查的内容

（1）低压配电室内各通道最小宽度（净距）要符合要求。

（2）长度大于7m的低压配电室应设两个出口，并布置于配电室两端，位于楼上的配电室至少应设一个出口通向室外的平台或通道。

（3）低压配电室临街的一面不宜开窗，低压配电室兼作值班室时，配电屏正面距墙不宜小于3m。

（4）同一低压配电室内并列的两段母线，任一段母线有一级负荷时，母线分段处应设防火隔断措施；由同一低压配电室供给一级负荷的两路电缆不应敷设在同一电缆沟内，确无法分开时则该两路电缆均应采用阻燃电缆，且分别敷设于电缆沟两侧支架上。

5. 变压器竣工检查的内容

（1）交接试验项目齐全、结论合格；变压器安装符合要求，容量、型号与设计相符。

（2）电压分接开关操作无卡滞、分接指示正确。

（3）油位正常；气体继电器、温度计安装正确；防爆管、防爆膜、呼吸器及硅胶装置良好；全封闭变压器压力泄放装置符合投运要求。

（4）二次接线正确、动作可靠；气体继电器内无异物。

（5）变压器外壳、中性点等接地符合要求。

（6）高低压母排相色标识正确。

（7）浸变压器外壳完整无渗漏油，干式变压器外绝缘无裂缝，热敏电阻安装位置正确、合理；瓷瓶无破裂和放电痕迹。

（8）变压器蝶阀处于运行状态。

（9）变压器命名牌已装挂，命名及编号准确无误。

（10）应选用低损耗变压器，其变压器低压侧线圈应为全铜芯。

（11）多层或高层主体建筑内的变压器，宜选用不燃或难燃型变压器。

（12）提供齐备的产品合格证及出厂试验报告。

（13）严禁使用贴牌产品。

（四）高低压开关柜竣工检查的内容

（1）交接试验项目齐全、结论合格；安装符合要求，型号、规格与设计相符。

（2）试分、合高低压开关、隔离开关，操作机构动作可靠、灵活。

（3）"五防"装置程序合理。

（4）分合闸指示位置正确、传动机构灵活。

（5）接地良好，瓷瓶、断路器真空包完好。

（6）提供齐备的产品合格证及出厂试验报告。

（7）柜外壳钢材材质及厚度（厚度大于1.5mm）应符合国标；

（8）高压柜内断路器、隔离开关、TV、TA等主要电器设备应符合国标。

（9）高压柜内继保装置选型应选用正规厂家，以保证可靠性。

（10）柜内一次装配、二次配线要规范，符合国标。

（11）高压TV柜内的控制变（100V升220V）应装在仪表室，严禁装在高压室内。

（12）柜内铜（铝）排连接处须压花搪锡，使连接处压紧；铜铝连接处应有铜铝过渡措施，接头连接紧密可靠。

（13）严禁使用贴牌产品。

（14）高、低压开关柜整体及柜门接地良好。

（五）高低压计量柜竣工检查的内容

（1）计量柜前后柜门的弹簧验收。

（2）计量柜前后上下门应单独加装可靠的封印装置，高压计量柜后侧封板每块的对角应加装（加设）不少于两个可以加封的封印装置，用以加封；10kV计量柜独立计量TV柜隔离开关操作手柄应加装封（印）装置，柜门及后侧加装封印装置（要求同计量柜）。

（3）不靠墙安装的计量柜侧板应装设固定螺栓（帽）进行冲压或点焊，以防止侧板开启。

（4）计量柜应预留表计和终端设备安装位置，并符合接线、色标要求。

（5）二次回路接线验收。

（六）互感器的竣工检查的内容

交接试验项目齐全、结论合格；安装符合要求，型号、规格、精度、变比与设计相符。

（1）本体无裂纹、破损，外表整洁，无渗漏油。

（2）一、二次接线正确，接地符合要求。

（3）变比与指示仪表参数对应。

（七）电容器竣工检查的内容

（1）交接试验项目齐全、结论合格；安装符合要求，型号、规格、容量与设计相符。

（2）布置及接线正确合理，无功补偿控制器取样电流回路接线正确完善。

（3）外壳无鼓肚、渗漏油现象，套管无裂纹，安装牢固。

（4）熔断器熔丝的额定电流符合电容器容量要求。

（5）交流接触器型号、规格符合设计要求，限流电阻安装正确，连接牢固，放电回路完整。

（6）接地可靠。

（八）电缆敷设竣工检查的内容

（1）交接试验项目齐全、结论合格；安装符合要求，型号、规格、精度、变比与设计相符。

（2）户外高、低压电缆应选用钢带铠装聚乙烯护套电缆外护层，电缆外绝缘厚度应符合国标。

（3）高、低压电缆芯线截面应符合国标，并有产品合格证及出厂试验报告。

（4）电缆任何敷设方式验收。

1）电缆直埋敷设方式验收。

2）排管（保护管）敷设的验收。

3）沟槽敷设的验收。

（九）防雷、接地竣工检查的内容

（1）交接试验项目齐全、结论合格；安装符合要求。

（2）避雷器外观完好，安装牢固。

（3）接地装置完整良好，焊接部位符合规范要求，明敷部分应加涂色漆。

（十）二次回路竣工检查的内容

（1）保护定值设置正确，传动试验符合运行要求，交接试验项目齐全、结论合格。

（2）压板命名正确，连接线编号、截面符合要求。

（3）端子排等绝缘良好，端子排应选用正规厂家的凤凰端子排。

（4）直流操作电源接线正确，直流电压正常。

（5）必须做通大电流试验项目，确保 TA 不开路。

（十一）安全工具竣工检查的内容

（1）验电笔、接地线、绝缘手套、绝缘靴、绝缘垫、标示牌、安全遮栏、灭火器等配置齐全，试验合格。

（2）接地线编号存放。

（3）安全工器具旋转合理，绝缘垫铺设符合要求。

（十二）其他设备竣工检查的内容

（1）双（多）路电源闭锁装置可靠。

（2）自备发电机用户手续完整，资料齐全，制度完善；单独接地，投切装置符合要求。

（3）调度通信设备符合要求。

（十三）规章制度竣工检查的内容

（1）电气主接线模拟图板符合实际。

（2）负荷记录簿、事故记录簿、缺陷记录簿、交接班记录簿等簿册齐全。

（3）有交接班制度、设备缺陷管理制度、巡回检查制度、值班员岗位责任制度。建立多电源管理制度和操作规程。

三、各主要分项竣工检验所需移交的资料清单

（一）架空线路在竣工检验时应提交以下资料及文件

（1）竣工图（含系统结线图及线路沿布图）。

（2）设计变更的证明文件（包括施工内容明细表）。

（3）安装记录（包括隐蔽工程记录及中间检查记录）。

（4）交叉跨越距离记录及有关协议文件。

（5）调整及试验记录。

（6）接地装置图及接地电阻实测值记录。

（7）政府行政管理部门包括规划部门对线路走廊的批准文件。

（8）制造厂提供的产品说明书、试验记录、合格证件以及装配图等技术文件。

（二）电缆工程竣工检验时应提交以下资料及文件

（1）竣工图（含系统结线图及线路沿布图）。

（2）设计变更的证明文件。

（3）电缆线路路径的协议文件。

（4）直埋电缆的敷设位置图，图上标明各线路的相对位置，并表明地下管线的剖面图。

（5）电缆线路的原始记录。包括电缆的型号、规格及其实际敷设总长度，中间接头位置、终端接头的型式及安装日期。

（6）电缆及其附件的各类试验记录。

（7）制造厂提供的产品说明书、试验记录、合格证件以及装配图等技术文件。

（8）政府行政管理部门包括规划部门对电缆走廊的批准文件。

（三）变压器竣工检验应提供的资料

（1）新安装变压器应提供出厂合格证，现场交接试验报告。制造厂提供的产品说明书、试验记录（含出厂试验、特殊试验）、合格证件以及装配图等技术文件。

（2）安装记录及调试报告。

（四）高压开关柜竣工检验应提供的资料

（1）设计变更的证明文件。

（2）新安装高压开关柜应提供出厂合格证，现场交接试验报告。

（3）制造厂提供的产品说明书、试验记录、合格证件以及装配图等技术文件。

（4）安装记录及调试报告。

（五）户外电缆分接箱竣工检验应提供的资料

（1）新安装户外电缆分接箱应提供出厂合格证及现场交接试验报告。

（2）制造厂提供的产品说明书、试验记录（含出厂试验、型式试验）、合格证件以及装配图等技术文件。

（3）安装记录及调试报告。

（六）箱式变电站（箱变）竣工检验应提供的资料

（1）出厂合格证，现场交接试验报告。制造厂提供的产品说明书、试验记录（含出厂试验、型式试验）、合格证件以及装配图等技术文件。

（2）安装记录及调试报告。

（七）低压配电柜竣工检验应提供的资料

（1）出厂合格证，现场交接试验报告。制造厂提供的产品说明书、试验记录、合格证件以及装配图等技术文件。

（2）安装记录及调试报告。

（八）户外装置竣工检验应提供的资料

（1）设备的出厂合格证，现场交接试验报告。设备制造厂提供的产品说明书、试验记录合格证件以及装配图等技术文件。

（2）安装记录及调试报告。

（3）接地装置图及接地电阻实测记录。

（九）母线竣工检验应提供的资料

（1）竣工图。

（2）设计变更的证明文件。

（3）母线的出厂合格证，现场交接试验报告。母线制造厂提供的产品说明书、试验记录、合格证件以及装配图等技术文件。

（4）安装记录。

（十）盘、柜（含计量箱、柜）及二次回路结线竣工检验应提供的资料

（1）竣工图。

（2）设计变更的证明文件。

（3）盘、柜（含计量箱、柜）出厂合格证，现场交接试验报告，制造厂提供的产品说明书、调试大纲、试验方法、合格证件以及装配图等技术文件。

（4）安装记录及调试报告。

（5）装设有继电保护的盘、柜应有供电部门发出的保护整定通知单。

（十一）电能计量装置应提供的资料

（1）电能计量装置计量方式原理接线图，一、二次接线图，施工设计图和施工变更资料。

（2）电压、电流互感器安装使用说明书、出厂检验报告及法定计量检定机构的检定证书。

（3）计量柜（箱）的出厂检验报告、说明书。

（4）二次回路导线或电缆的型号、规格及长度。

（5）电压互感器二次回路中的熔断器、接线端子的说明书等。

（6）施工过程中需要说明的其他资料。

（十二）直流电源系统竣工检验应提供的资料

（1）竣工图。

（2）设计变更的证明文件。

（3）直流电源系统出厂合格证及蓄电池出厂充放电记录、放电曲线等，现场交接试验报告。

（4）直流电源系统制造厂提供的产品说明书、调试大纲、试验方法、合格证件以及装配图等技术文件。

第三节　竣工检验技术规范

一、竣工检验的规范要点

国家电监会 27 号令第十二条：电力监管机构对供电企业向用户受电工程提供服务的情况实施监管。

供电企业有对用户受电工程建设提供必要的业务咨询和技术标准咨询的义务，同时供电企业对用户受电工程进行中间检查和竣工检验时也应当执行国家有关标准，对于竣工检验，规范要点如下。

（1）发现用户受电设施存在故障隐患时，应当及时一次性书面告知用户并指导其予以消除。

（2）发现用户受电设施存在严重威胁电力系统安全运行和人身安全的隐患时，应当指导其立即消除，在隐患消除前不得送电。

二、竣工检验的法律依据

竣工检验在《中华人民共和国电力法》中的依据仍然是如下这几条：

第五十六条　电力管理部门依法对电力企业和用户执行电力法律、行政法规的情况进行监督检查。

第五十七条　电力管理部门根据工作需要，可以配备电力监督检查人员。电力监督检查人员应当公正廉洁，秉公执法，熟悉电力法律、法规，掌握有关电力专业技术。

第五十八条　电力监督检查人员进行监督检查时，有权向电力企业或者用户了解有关执行电力法律、行政法规的情况，查阅有关资料，并有权进入现场进行检查。

电力企业和用户对执行监督检查任务的电力监督检查人员应当提供方便。电力监督检查人员进行监督检查时，应当出示证件。

第四节　竣工检验作业步骤和标准

一、竣工检验作业前准备工作

（1）业务分派人员，应根据竣工检验的内容和用电检查人员的资格合理的安排检查工作，并审核客户工程施工单位是否取得电力管理部门颁发的《承装（修）电力设施许可证》。

（2）用电检查人员应根据分配的竣工检验的内容，准备好工器具，交通工具和必要的通信工具，并佩带好用电检查证，要检查工器具是否合格、绝缘，有无破坏等。

二、受理竣工报验

（1）客户受电工程竣工、试验完工后，应书面向供电企业提出工程竣工报验申请，并向供电企业提供受电工程竣工验收报告，报告应包括：

1）工程竣工图及说明。

2）电气试验及保护整定调试记录。

3）安全用具的试验报告。

4）工程的施工及试验记录。

5）运行管理的有关规定和制度。

6）值班人员名单及资格。

7）供电企业认为必须提供的其他资料或记录。

（2）如客户提交的资料不齐全，业务受理员应及时向客户说明，书面回复客户需补全的资料，再次报验。

（3）业务受理员受理到资料齐备的客户受电工程竣工验收报告后，应立即将相关资料按客户档案管理要求进行扫描并上传到营销系统。

（4）业务受理员将工单信息录入到营销系统，要求录入信息完整、清晰，项目齐全，并及时将营销工作单传递到下一环节处理。

（5）对客户受电工程启动竣工检验的期限，自接到客户受电装置竣工报告和检验申请之日起，低压供电客户不超过 5 个工作日，高压供电客户不超过 7 个工作日。

三、竣工检验签发、分配用电检查任务

（1）用电检查工作单相关信息填写必须规范、项目齐全，且与营销系统及客户档案上的信息对应，签发人在签发前必须认真核对清楚。

（2）用电检查工作必须以小组形式开展，每组不得少于两人，并应选定经验较为丰富、熟悉客户现场运行情况、沟通能力较强的人员担任工作组负责人。

（3）在 0.4kV 的受电工程由三级或以上的用电检查员进行查验，10kV 的受电工程由二级或以上的用电检查员进行查验。

（4）用电检查人员开展竣工检验工作时应带有用电检查证及必要的工具，并穿戴好棉质工作服、安全帽。

四、竣工现场检查

（1）提前电话联系客户，预约检查时间，落实客户方熟悉用电情况的电气工作负责人或电工随同配合检查。

（2）进入客户的厂区应遵守客户出入厂区管理规定。进行用电检查前向客户出示"用电检查证"，工作负责人向客户代表解释说明检查原因和内容。

（3）核实供用电合同条款与现场是否对应。

1）实际用电主体是否与供电合同的主体对应。

2）不同计费类型的设备容量、备用容量是否与供用电合同的约定相符。

3）计划运行方式是否与约定的运行方式相符。

4）客户有无存在其他违反供用电合同约定的行为。

（4）检查客户进网作业电工的资格，用电检查人员严禁现场代替客户电工进行电气操作。

（5）受电设备检验。

1）受电工程是否按审批通过的设计图纸施工。

2）受电工程是否全部竣工，安装质量、施工工艺和工程选用材料是否符合有关规范及标准要求。

3）受电工程一次设备的接线方式及安装容量与供用电双方确认的供电方案是否相符。

4）受电设备绝缘电阻的测试记录是否合格。

5）受电设备的电气试验记录是否齐全，试验结果是否合格，继保定值等是否符合规程规定。

6）是否能有效防止反送电，保证不影响电网运行。

7）无功补偿装置是否能正常投入运行。

8）各类型防误操作的闭（联）锁装置是否齐全可靠，客户的自备发电机是否进行备案。

9）客户的冲击性、非线型、非对称性负荷运行状况及所采取的治理措施是否足够。

（6）安全保障措施检查。

1）现场照明是否满足设备运行及一般维护需要，有无足够的保安照明应付突发事件。

2）安全工器具是否齐备并按规定进行周期试验。

3）消防器材配置、存放是否符合消防部门要求，且方便使用。

4）防潮、防水、防火、通风等措施是否完善。

5）配电房的门、窗、防护栏有无损坏，检查防小动物措施是否完善。

6）安全警示是否满足电业安全工作规范要求。

7）设备维护通道、逃生通道是否通畅。

8）运行规程是否符合实际，有无在明显位置放置以便取阅。

9）反事故措施是否到位。

10）客户进网作业电工是否具备相应的资质，并在供电企业备案存档。

11）检查客户配电设备模拟图板的接线、设备编号等是否规范，是否与实际相符，现场是否具备送电条件。

12）客户是否在电力线行保护区内搭建违章建筑。

13）有无存在其他危及电气设备安全运行的因素。

（7）计量装置安装情况检查。

1）计量装置的配置是否正确、合理，安装是否合格，有关试验项目是否完成，电气试验报告是否齐全。

2）客户电能计量装置（计量柜、计量互感器、计量表计、封印、计量回路、负控装置、失压记录仪等）是否运行正常。

五、填写客户工程竣工检验报告单

（1）检查人员在竣工检验现场应及时做好记录，并根据现场检查的情况如实填写《客户工程竣工检验报告单》。

（2）填写规范、准确，条目清晰。用电检查人员核对无误、无漏后签名确认，并请客户核对后签名确认。

（3）受电工程存在的问题一次性书面提出整改要求，供用电双方对整改要求应签名确认。客户根据整改要求进行整改，整改完毕，重新报验。

六、签订合同及相关协议

（1）用电检查员向客户发出已签订的供用电合同，转入合同管理流程。（参照：《合同管理作业指导书》）

（2）对于存在有自备电源的客户应与其协商签订《客户自备电源使用协议书》。

（3）对多电源客户，双方应签订《供用电调度协议》。

七、组织送电

（1）用电检查员应严格督促客户按编制好的送电方案有序送电。

（2）在送电过程中对出现的问题，应协助客户解决，出现现场无法解决的问题时应立即向班长汇报处理。

（3）送电成功后，应认真进行检查，确保设备无问题，各种仪表指示正常，电能计量装置运行正常。

（4）检查客户进网作业电工的资格，用电检查人员严禁现场代替客户电工进行电气操作。

（5）用电检查员应及时做好投运日期的记录。

（6）组织送电过程中，应做好安全防护，严格操作，不发生人身伤亡、设备损坏事故，不发生误操作事故。

（7）如送电操作过程中存在问题，导致不能如期送电，用电检查员应对存在的问题一次性书面提出整改要求，供用电双方对整改要求应签名确认。客户根据整改要求进行整改，整改完毕，重新报验。

八、送电

客户电工根据用电检查人员的指挥按编制好的送电方案有序送电。

九、在系统中录入竣工检验信息

竣工检验合格的，用电检查员应及时将相关信息录入到营销系统，要求录入信息完整、清晰，项目齐全，并及时将营销工作单传递到下一环节处理。

十、资料归档

用电检查员应及时将相关竣工检验资料汇总整理，及时按照要求归档，并将资料实体交档案管理员处理，进入用电档案管理流程。

第五节 竣工检验风险分析及预防措施

一、竣工检验风险点分析

（一）现场作业人身安全风险点

（1）高空坠物。

（2）基建施工器械伤人。

（3）触电。

（4）发生交通事故。

（5）狗咬、蛇咬、蜂蜇、碰伤。

（二）中间检查与竣工检验不规范风险点

（1）接地、防雷、电缆沟等隐蔽工程未进行中间检查，或中间检查不合格，客户就进行后续施工。

（2）客户受电工程安装单位的资质不符合国家有关规定要求。

（3）客户竣工报验资料不全，手续不完备就安排竣工检验。

（4）竣工检验项目漏项或施工质量不合格仍装表送电。

二、竣工检验风险预防措施

（一）现场作业人身安全预防措施

（1）进入工作现场前戴好安全帽，穿好工作服，确保工器具外观完好且检验合格。

（2）注意观察现场环境，同施工器械保持安全距离；使用外接电源的电动施工器具时，应有漏电保护开关的保护。

（3）与带电设备保持安全距离，严禁有跨越带电设备的遮栏，不可误碰开关机构。

（4）现场作业时认真落实确保安全的技术措施，严格执行全过程安全监护，确保人身、设备安全。

（5）不得替代客户进行电工作业行为。

（6）严格遵守各级交通法规和安全管理规定以及车辆使用管理规定。

（7）发现狗、蛇、蜂窝时注意躲避，必要时持棒而行，同时携带治疗狗咬、蛇伤、蜂蜇的药品。

（8）组织送电时，做好安全防护，严格按照操作票进行操作。

（二）中间检查与竣工检验不规范预防措施

（1）客户隐蔽工程部分，必须提出中间检查，且中间检查合格后才能进行后续工程施工。

（2）加强客户竣工检验技术力量。

（3）严格审查电气工程安装单位是否具备相应的资质或资质是否过期。

（4）严格按照电气装置安装工程设计、施工和验收标准与规范进行检验。

（5）中间检查及竣工检验发现的隐患，由客户整改，经复检合格后，方可接入电网。

（6）报验资料不齐备，不安排竣工验收；供用电合同签订后，方可送电。

第六节　工　作　表　单

工程竣工检验一般采用三级检查。即施工单位自检竣工检验，监理单位预竣工检验及供电部门工程项目管理部门组织的竣工检验。竣工验收报告是在供电部门接到客户工程竣工申请之后，组织人员到现场勘查，检查人员在竣工检验现场应及时做好记录，并根据现场检查的情况，如实填写《客户工程竣工报验检验报告单》。见表6-1，表格必须填写规范、准确，用电检查人员核对无误、无漏后签名确认，并请客户核对后签名确认。受电工程存在的问题一次性书面提出整改要求，供用电双方对整改要求应签名确认。客户根据整改要求进行整改，整改完毕，重新报验。

表6-1　　　　　　　　　　　客户工程竣工报验检验报告单

客户名称：		工作单号：	
用电地址：		报装容量：kVA/kW	
客户联系人：		联系电话：	
施工单位联系人：		联系电话：	
本户受电工程已委托有承装（修）电力设施许可证单位安装，□线路、□变配电工程现已施工完毕，经过自检，工程质量符合国家及电力行业验收标准、技术规范的要求，现向供电部门报请竣工检验。 　　　　　　　客户签名（盖章）：　　　　　　　　　　　施工单位（盖章）：			

	竣工检验项目	是否符合标准		竣工检验项目	是否符合标准
1	断路器、负荷开关、户外隔离开关	□是　□否	9	变压器、台架、安装布置	□是　□否
2	跌落式开关	□是　□否	10	低压线路及其安装	□是　□否
3	高压避雷器	□是　□否	11	低压柜（计量箱）安装布置	□是　□否
4	相线对地、相间安全距离	□是　□否	12	低压柜（箱）母线及其安装	□是　□否
5	高压电缆及其安装	□是　□否	13	进网电工证情况	□是　□否
6	高压柜安装布置	□是　□否	14	电容补偿装置	□是　□否
7	高压母线及其安装	□是　□否	15	低压避雷器	□是　□否
8	继电保护	□是　□否	16	低压出线开关	□是　□否

续表

竣工检验项目		是否符合标准	竣工检验项目		是否符合标准
17	接地电阻	□是　□否	22	业扩相关文档资料	□是　□否
18	标示牌齐全	□是　□否	23	操作规程及制度	□是　□否
19	电房等配电场地土建	□是　□否	24	高压配电一次模拟图	□是　□否
20	安全工具	□是　□否	25	低压配电一次模拟图	□是　□否
21	消防设施	□是　□否	26	变配电场所的五防措施	□是　□否

供电单位受理	竣工检验意见	接火送电确认
检验申请已受理。 受理人签名： 受理日期： （供电所盖业务章）	经竣工检验，本工程施工与设计相符，施工质量符合相关施工标准要求。 检验组织部门（盖章） 检验人员： 检验时间：	送电日期： 　　　　　年　月　日 客户确认：

注　本表一式三份，一份供电所存档，一份客户保存，一份查验组织部门存档。

🌐 思 考 题

1. 竣工检验作业内容主要有哪些？
2. 竣工检验技术规范有哪些？
3. 简述竣工检验的主要步骤。
4. 竣工检验风险点有哪些？

第七章 违约用电、窃电查处

第一节 电能计量的基本知识

一、电能计量装置

电力生产的特点是发电、输电、用电同时进行，各环节相互紧密联系缺一不可，而它们之间电量如何销售，如何经济计算，就需要一个计量器具在三个部门之间进行测量计算出电能的数量，这个装置就是电能计量装置。没有它，在发、供、用电三个方面就没法进行正常销售、买卖，所以电能计量装置在发、供、用电间的地位十分重要。我们把电能表和与其配合使用的互感器以及电能表到互感器二次回路接线统称为计量装置。

（一）电能计量装置分类

在发电厂、变电所、用电户运行中的电能计量装置按其所计量的电量多少和计量对象的重要程度分五类（Ⅰ、Ⅱ、Ⅲ、Ⅳ、Ⅴ）进行管理。

（1）Ⅰ类电能计量装置：月平均用电量 500 万 kWh 及以上或变压器容量为 10 000kVA 及以上的高压计费用户、200MW 及以上发电机、发电企业上网电量、电网经营企业之间的电量交换点、省级电网经营企业与其供电企业的供电关口计量点的电能计量装置。

（2）Ⅱ类电能计量装置：月平均用电量 100 万 kWh 及以上或变压器容量 2000kVA 及以上的高压计费用户、100MW 及以上发电机、供电企业之间的电量交换点电能计量装置。

（3）Ⅲ类电能计量装置：月平均用电量 10 万 kWh 及以上或变压器容量 315kVA 及以上计费用户、100MW 及以下发电机、发电企业厂（站）用电量、供电企业内部用于承包考核的计量点、考核有功电量平衡的 110kV 及以上的送电线路电能计量装置。

（4）Ⅳ类电能计量装置：负荷容量为 315kVA 以下的计费用户、发供电企业内部经济技术指标分析考核用的电能计量装置。

（5）Ⅴ类电能计量装置。单相居民用户的电能计量装置。

以上各类电能计量装置的电能表、电压与电流互感器的准确度等级见表 7 - 1。

表 7-1 电能计量装置的电能表、电压与电流互感器的准确度等级

电能计量 装置类别	准 确 度 等 级			
	有功电能表	无功电能表	电压互感器	电流互感器
I	0.2S 或 0.5S	2.0	0.2	0.2S 或 0.2*
II	0.5S 或 0.5	2.0	0.2	0.2S 或 0.2*
III	1.0	2.0	0.5	0.5S
IV	2.0	3.0	0.5	0.5S
V	2.0	—	—	0.5

* 0.2 级电流互感器仅指发电机出口电能计量装置中使用。

（二）电能计量装置配置

（1）贸易结算用的电能计量装置原则上应设置在供用电设施产权分界处，在发电企业上网线路、电网经营企业间的联络线路和专线供电的另一端应设置考核用电能计量装置。

用户为满足企业内部核算的需要而装设的电能计量装置所记录的电量不作为供电企业贸易结算的依据。

对专线供电的高压用户，可在供电变电所的出线侧装表计量；对公线路供电的高压用户，可在用户受电装置的低压侧计量。

如果产权分界处不具备装设电能计量装置的条件或为了方便管理，可将电能计量装置设置在其他合适的位置，但应考虑线路或变压器的电能损耗。

发电企业上网线路、电网经营企业间的联络线路和专线供电线路设置的计量点的电能计量装置一般比较重要，为了保证这部分电能计量装置的计量准确性和可靠性，应当加强对其运行情况的监督、考核，以便及时发现异常情况，及时处理。另外，为了当一方对电能计量装置的准确性有异议时可以非常明确的找到佐证，有必要设置考核用电能计量装置。从这些线路的情况看，在线路的另一端设置考核用电能计量装置不仅方便，而且考核用电能计量装置与被考核的电能计量装置一一对应，它们所计的电量也是最有可比性。因此《电能计量装置技术管理规程》（DL/T 448—2000）规定在发电企业上网线路、电网经营企业间的联络线路和专线供电线路的另一端应设置考核用电能计量装置。

对专线供电用户，如果计量点设在供电企业一侧的，供电企业一般不在用户侧装设考核用电能计量装置。

对高供高计的用户，其计量点的选择有以下两种方案：

1）计量点设在用户变电所的电源进线处，有几路电源安装几套计量装置，这种方案较适合按最大需量收取基本电费的用户。

2）对于一个变电所内有多台主变的用户，可在每台主变压器的高压侧安装一套电能计量装置，这种方案较适用于按变压器容量收取基本电费的用户。

变电所的计量点应设置在所有输入电能线路的入口处和所有输出电能线路的出口

处，以满足准确计量输入的全部电能和输出的全部电能。在变电所内部用电的线路或变压器上也应设置计量点，以便准确计算内部用电量，为计算母线电量不平衡度，变压器电能损耗和输电线路损耗电能提供了准确数据。

低压用户和居民用户的计量点应设置在进户线附近的适当位置。

（2）Ⅰ、Ⅱ、Ⅲ类贸易结算用电能计量装置应按计量点配置计量专用电压、电流互感器或者专用二次绕组，电能计量专用电压、电流互感器或专用二次绕组及其二次回路不得接入与电能计量无关的设备。

《电能计量装置技术管理规程》（DL/T 448—2000）按电能计量装置的类别规定优先采用配置计量专用电压和电流互感器的方案。其中，对新建电源、电网工程的电能计量装置应采用专用电压、电流互感器的配置方式；对在用电能计量装置，有条件时也应逐步改造，不宜改造的，可采用专用二次绕组的配置方式。

在重要的电能计量点配置专用电压、电流互感器的计量方式，在国外较为普遍，近些年来一些外资电源建设项目中，外方投资也都提出此项要求。

此外，影响电能计量装置安全稳定运行、可靠计量的最重要的因素是互感器的二次回路的负载和二次回路中的接触点（如隔离开关辅助触点）等。一般电能计量、继电保护测量回路共用一组母线电压互感器，使电压互感器二次回路容易过负荷造成二次回路压降超差，影响电能计量的准确性；同时，由于共用电压、电流互感器，不同专业在同一、二次回路上工作，影响电能计量的可靠性和安全性，由此引起的电能计量故障是常见的。规程因此而作出了"不得接入其他用途的测量仪器仪表"的相关规定。

（3）计量单机容量在100MW及以上发电机组上网贸易结算电量的电能计量装置和电网经营企业之间购销电量的电能计量装置，宜配置准确度等级相同的主副两套有功电能表。

采用主副两套有功电能表是为了保证电能计量的准确、可靠，也是国际上对重要电能计量装置管理的先进经验。

（4）对35kV以上贸易结算用电能计量装置中电压互感器二次回路，应不装设隔离开关辅助触点，但可装设熔断器；35kV以下贸易结算用电能计量装置中电压互感器二次回路，应不装设隔离开关辅助触点和熔断器。

因为35kV以上电网的短路容量大，二次侧必须有熔断器保护，以免造成主设备事故，35kV以下电网的短路容量小，可以不装设熔断器。

隔离开关辅助触点的接触电阻大而且不稳定，严重影响电能计量装置的计量性能。通常的处理方法是用隔离开关辅助触点控制一个中间继电器，再由中间继电器的主触点控制电能表的电压回路。

（5）安装在用户处的贸易结算用电能计量装置，110kV及以上电压等级的用户，宜装设分体计量柜；电能计量二次回路，除可接入电压失压计时器外，6～10kV电压供电的用户，且有高压配电室的，应安装符合国家标准《电能计量柜》（GB/T 16934—1997）的整体式电能计量柜；对用电容量较小的用户，可使用电能计量箱，35kV电压

72

供电的用户，视整个变电所配电装置的安装情况，选用相应的整体式或分体式电能计量柜或电能计量箱，推荐使用符合国家标准《电能计量柜》（GB/T 16934—1997）的电能计量柜或电能计量箱。

当采用整体式电能计量柜时，若室内配电装置为成套开关柜，则计量柜宜布置在进线柜之后（第二柜），若配电间不设进线断路器，而采用屋外跌落式熔断器方式，则计量柜宜布置在第一柜。

尤其应注意的是，为了合理计量，电压互感器应装设在电流互感器的负荷侧。

（6）贸易结算用高压电能计量装置装设电压失压计时器的目的是为了记录电能计量装置电压回路故障的时间，以便计算故障期间的用电量。电压失压计时器是由电流启动的装置，如果没有电流，无论有无电压，电压失压计时器都不应启动计时，只有在电能计量装置二次回路中有电流而无电压时（电能计量装置为故障状态），才应启动计时。

（7）互感器二次回路的连接导线应采用铜质单芯绝缘线，对电流二次回路、连接导线截面积应按电流互感器的额定二次负荷计算确定，至少不小于 $4mm^2$，对电压二次回路连接导线截面积应按允许的电压降计算确定，至少应不小于 $2.5mm^2$。

Ⅰ、Ⅱ类用于贸易结算的电能计量装置中电压互感器二次回路电压降应不大于其额定二次电压的 0.2%；其他电能计量装置中电压互感器二次回路电压降应不大于其额定二次电压的 0.5%。

（8）互感器实际二次负荷应在 25%～100% 额定二次负荷范围内；电流互感器额定二次负荷的功率因数应为 0.8～1.0；电压互感器额定二次功率因数应与实际二次负荷的功率因数接近。

通常情况下，静止式（电子式）电能表电流回路的负荷功率因数近似为 1，而感应式电能表电流回路的负荷功率因数近似为 0.8，同一电流互感器应能适用于这两种电能表。

通常感应式有功电能表和 90° 型无功电能表的电压绕组功率因数为 0.2～0.3；60° 型无功电能表的电压绕组功率因数为 0.4～0.5；而静止式电能表和感应式电能表电压回路的负荷的功率因数相差较大，静止式（电子式）电能表作为电压互感器的二次负荷呈现高功率因数（如表计电压取样回路为变压器的方式下），有些甚至还呈现容性负荷（如表计电压取样回路为阻容降压的方式下）。

（9）电流互感器额定一次电流的确定，应保证其在正常运行中的实际负荷电流达到额定值的 60% 左右，至少不应小于 30%，否则应选用高动热稳定电流互感器以减小变比。

（10）为提高低负荷计量的准确性，应选用过负荷 4 倍及以上的宽负荷电能表。

随着感应式电能表制造技术的发展，电能表的过负荷倍数得到了不断地提高，过负荷 4 倍及以上的电能表在国际上已得到了广泛应用，目前我国制造过负荷 4 倍的感应式电能表的技术已比较成熟。另外，静止式（电子式）电能表的过负荷倍数很容易做得更高，电能表过负荷倍数越高，电能计量装置准确计量的负荷范围就越宽。同时当用户负荷增长后，可减少换电能表的工作量。

（11）经电流互感器接入的电能表，其标定电流值宜不超过电流互感器额定二次电流值的 30%，其额定最大电流值应在电流互感器额定二次电流值的 120% 之内，直接接入式电能表的标定电流值应按其接入的正常运行负荷电流值的 30% 左右进行选择。

（12）执行功率因数调整电费的用户，还应安装能计量感性和容性无功电量的电能表；按最大需量计收基本电费的用户还应装设具有最大需量计量功能的电能表；实行分时电价的用户应装设具有分时段计量功能的复费率电能表或多功能电能表。

（13）带有数据通信接口的电能表，其通信规约应符合《多功能电能表通信规约》（DL/T 645—1997）的要求。

当需要进行数据传输时，应装设 RS232 接口或 RS485 串行接口。由于脉冲在数据传输过程中可能会丢失，而 RS232 接口只能"一对一"，一台设备只能与一台设备通信，通信距离近，只能达几十米，因此一般情况下应尽可能不采用 RS232 接口；RS485 接口有"一对多"特性，一台设备可与多台设备联络通信，传输距离较远，可达 1km 以上，因此需要多点通信时，应选择 RS485 接口。

（14）具有正、反方向送受电的计量点应装设计量正向和反向有功电量以及四象限无功电量的电能表。可采用装设 2 只感应式带有止逆功能的有功电能表、2 只感应式带有止逆功能的无功电能表联合接线的组合计量方式，以实现正反向有功电量以及四象限无功电量的计量；也可装设一只具有计量上述计量正向和反向有功电量以及四象限无功电量的全电子多功能电能表。

二、电能计量装置接线

电能计量装置是电能供销环节的一杆"秤"，其准确性是确保电量及电费正确、合理计收的前提。计量装置的准确性不仅取决于所选用的电能表和互感器等计量器具的功能与精度等级，更取决于整个电能计量装置的正确接线。为了更好地进行用电检查工作，下面我们先来简要回顾电能计量装置的正确接线。

电能计量装置接线根据被测线路分为单相、三相三线和三相四线，并依据被测负荷的大小和计费方式分为直接接入式、经电流互感器接入式、经电压互感器和电流互感器接入式、有功无功联合接线等形式。在进行接线分析前，应具备一定的识图知识。

在电能计量装置接线原理图中：圆圈部分表示一组电能表驱动元件，较粗的横线表示电流线圈，较细的竖线表示电压线圈，线圈的进线端在旁边加点注明，分清电流线圈和电压线圈的接线端子及进线与出线端子。配套使用 TA、TV 时，必须正确识别互感器的极性，电流互感器的一次与二次进出线分别以 L1、L2 与 K1、K2 表示，电压互感器的一次与二次接线端分别以大写 U、V、W（或 A、B、C）与小写 u、v、w（或 a、b、c）表示；TA、TV 二次侧均应可靠接地，以保证人身及设备的安全。

1. 低压单相电能表计量接线

单相电能表的接线使用最多，特别注意一点，即必须将相线（相线）连接电流线圈进线端子（一般是第一个接线端子）。

（1）单相直接接入式。这种接线适用于城乡居民生活用电，见图 7-1 (a)。

（2）单相经 TA 接入式。这种接线适用于单相负荷较大的厂房、车间、矿区的照明以及居民用电的总表等，见图 7-1 (b)。

（3）不提倡的接线方式。在图 7-1 (c) 中，为了接线省事，将电源 L1 与 TA 二次接线端子 K1 连接，利用电流二次导线到电能表的电流接线端子，通过连片或挂钩将电压送到电压接线端子。这种接线虽然也能正确计量电能，但 TA 二次侧不能可靠接地（如果接地等于相线直接接地），一旦 TA 二次侧开路，则会因产生的高电压威胁人身与设备安全，所以不提倡使用。

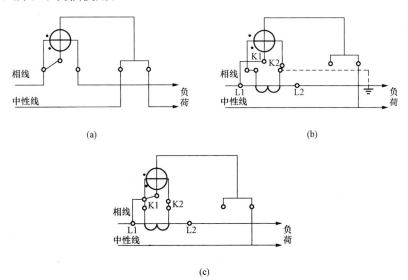

图 7-1 单相电能表测量接线图
(a) 单相直接接入式；(b) 单相经 TA 接入式；(c) 不提倡接线

2. 三相三线电能表计量接线

三相三线接线方式适用于三相负荷较平衡电能的计量，如低压三相电动机。当动力、照明在同一回路、三相负荷严重不平衡时，不宜采用此种接线。

（1）三相三线直接接入式。这种接线适用于计量低压三相三线回路负荷较小的动力设备，如抽水、木工机械、修配机械等，见图 7-2 (a)。

（2）三相三线经 TA 接入式。这种接线适用于计量低压三相三线回路负荷较大的动力设备，如大中型排灌、建筑工程、矿山开采等大中型电动机的用电计量，见图 7-2 (b)。

（3）三相三线经 TA、TV 接入式。这种接线适用于中性点不接地系统高压三相三线回路的计量。如工矿企业、大型排灌站的高压计量，见图 7-2 (c)。

3. 三相四线电能表测量接线

由于三相四线计量方式采用三元件电能表，受三相负荷不平衡的影响较小，所以采用这种接线方式比较普遍。

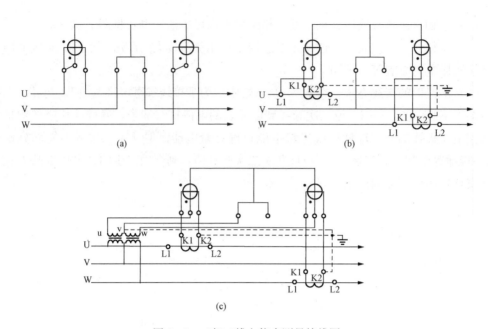

图 7 - 2　三相三线电能表测量接线图

（a）直接接入式；（b）经 TA 接入式；（c）经 TA 和 TV 接入式

　　（1）三相四线直接接入式。这种接线适用于计量低压三相四线回路负荷较小的动力或照明用电，如企业的照明、居民小区及居民楼的分相照明，农村自然村的分相照明等，见图 7 - 3（a）。

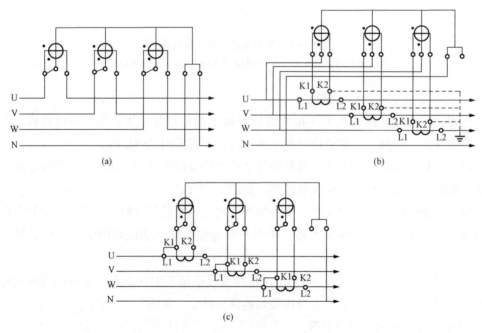

图 7 - 3　三相四线电能表测量接线图

（a）直接接入式；（b）经 TA 接入式；（c）不提倡接线

（2）三相四线经 TA 接入式。这种接线适用于计量低压三相四线回路负荷较大的动力或照明用电，如工矿企业、农村企业等，见图 7-3（b）。

（3）同样，在图 7-3（c）中，为了接线方便，利用电流二次导线输送电压，使得三只 TA 不能可靠接地（因 TA 二次绕组阻抗很小，如果接地会形成三相短路），一旦 TA 二次开路，开路部位产生的高电压威胁人身与设备安全，所以不提倡使用。

（4）三只单相电能表联合测量接线。有的地区习惯用三只单相电能表的联合接线计量低压三相四线回路的电能。理论上，三只单相电能表所记录的代数和为三相四线回路所消耗的电能，可适用范围与上述（1）、（2）项相同。但在一定的条件下不能确保计量的准确性与合理性，实际应用中不宜采用。接线方式见图 7-4（a）、图 7-4（b）。

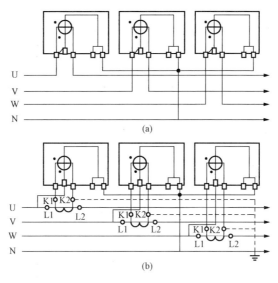

图 7-4 三只单相电能表联合测量接线图
(a) 直接接入式；(b) 经 TA 接入式

4. 无功电能表测量接线

无功电能表的外部接线与有功电能表完全一样，只是无功电能表的内部元件和电路与有功电能表有所不同。要特别注意的是必须按正相序电源接表。

图 7-5（a）为具有 60°相位差的两元件三相三线经 TA、TV 无功电能表接线；图 7-5（b）为具有附加电流线圈的两元件三相四线经 TA 无功电能表接线；图 7-5（c）为跨相 90°的三元件三相四线经 TA 无功电能表接线。

5. 联合接线图

在三相电路中，如随时可能改变有功和无功功率的输送方向，则应采用图 7-6 高压计量具有受进、送出电能、电流分相接线方式计费联合接线图的接线方法，其中每只电能表应选用带有止逆功能的电能表。

77

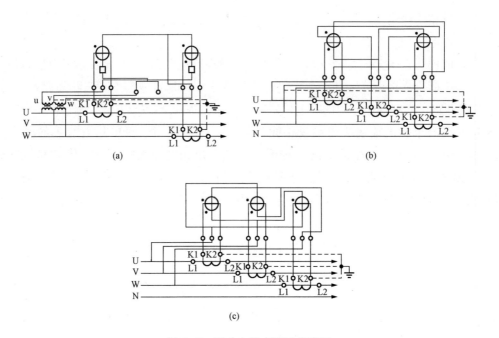

图 7 - 5　无功电能表测量接线图

（a）经 TA 和 TV 接入式；（b）经 TA 接入式；（c）三元件无功表接线图

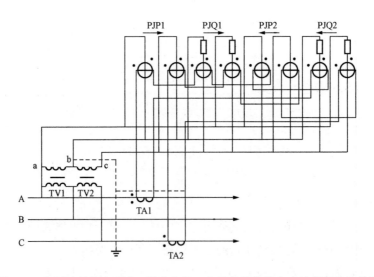

图 7 - 6　高压计量具有受进、送出电能、电流分相接线方式计费联合接线图

第二节　违约用电与窃电查处的相关管理标准

违约用电、窃电既扰乱了供用电秩序，又影响系统与设备的安全稳定运行，特别是给供电企业经济利益（国有资产）造成损失。所以，如何有效地防范、查处违约用电、窃电行为，是电力管理部门及我们供电企业合理用电、守法用电管理的主要工作内容。

一、违约用电、窃电定义及种类

（一）违约用电

（1）违约用电的定义：根据《电力供应与使用条例》第三十条、《供电营业规则》第一百条规定：在电力供应与使用过程中，危害供用电安全、扰乱正常供用电秩序行为，属于违约用电行为。

用户违约用电，是用电户违反供用电双方依照《合同法》、《电力供应与使用条例》、《供电营业规则》等法律法规所签订的《供用电合同》约定条款而发生的危害供用电安全、扰乱正常供用电秩序的行为。

（2）违约用电的种类：

1）擅自变更用电类别。

2）擅自超过合同约定容量。

3）擅自超过计划分配的用电指标。

4）擅自使用已在供电企业办理暂停使用手续的电力设备，或者擅自启用已被供电企业查封的电力设备。

5）擅自迁移、变动或擅自操作供电企业的用电计量装置、电力负荷控制装置、供电设施以及约定由供电企业调度的客户受电设备。

6）未经供电企业许可，擅自引入、供出电源或将自备电源并网。

（二）窃电

（1）窃电的定义：窃电是指用电户采取不正当的手段，以不交或少交电费为目的非法占有、使用供电企业电能的违法行为。窃电是非正常途径取得的电，是盗窃社会公共财物的非法行为。

（2）窃电的种类：根据《电力供应与使用条例》第三十一条规定，窃电行为有以下几类：

1）在供电企业的供电设施上，擅自接线用电。

2）绕越供电企业的用电计量装置用电。

3）伪造或者开启法定的或者授权的计量检定机构加封的用电计量装置封印用电。

4）故意损坏供电企业用电计量装置。

5）故意使供电企业的用电计量装置计量不准或者失效。

6）采用其他方法窃电。

（3）窃电行为应承担的法律责任追究、行政处罚及经济赔付责任。

1）供用双方签订有《供用电合同》的，由于供电企业和用电户供用电法律关系的存在，故适用《电力法》、《合同法》的有关规定，可依照法规追究违约者相应的违约责任，包括行政责任、经济赔付责任及其他相关法律责任。

2）即使供电方与窃电行为者未签订《供用电合同》、未有明确双方的供用电关系，因为窃电者侵害了供电企业的合法财产权益，依照《民法通则》规定，仍应承担侵权责任。

3）拒绝承担窃电责任的，供电企业应报请电力管理部门依法办理；窃电数额较大或情节严重的，供电企业应提请司法机关依法追究刑事责任。

①民事、经济赔付责任。

《用电检查管理办法》第21条规定：现场检查确认有窃电行为的，用电检查人员应当场予以中止供电，制止其侵害，并按规定追补电费和加收电费。

《供电营业规则》第102条规定：供电企业对查获的窃电者，应予制止并可当场中止供电。窃电者应按所窃电量补交电费，并承担补交电费3倍的违约使用电费。

《供电营业规则》第104条规定：因违约用电或窃电造成供电企业的供电设施损坏的，责任者必须承担供电设施的修复费用或进行赔偿。因违约用电或窃电导致他人财产、人身安全受到侵害的，受害人有权要求违约用电或窃电者停止侵害，赔偿损失。供电企业应予协助。

②行政责任。

《电力法》第71条规定：盗窃电能的，由电力管理部门责令停止违法行为，追缴电费并处应交电费5倍以下罚款。

《供用电监督管理办法》第29条规定：电力管理部门对盗窃电能的行为，应责令其停止违法行为，并处以应交电费5倍以下的罚款；构成违反治安管理行为的，由公安机关依照法律的有关规定予以处罚。

《用电检查管理办法》第21条规定：（窃电者）拒绝接受处理的，应报请电力管理部门依法给予行政处罚；情节严重，违反治安管理处罚规定的，由公安机关依法予以治安处罚。

《供电营业规则》第102条规定：拒绝承担窃电责任的，供电企业应报请电力管理部门依法处理。

③刑事责任。

《电力法》第71条规定：（盗窃电能）构成犯罪的，依照刑法有关规定追究刑事责任。

《刑法》第264条规定：盗窃公私财物，数额较大或者多次盗窃的，处三年以下有期徒刑、拘役或者管制，并处或者单处罚金；数额巨大或者有其他严重情节的，处三年以上十年以下有期徒刑，并处罚金；数额特别巨大或者有其他特别严重情节的，处十年以上有期徒刑或者无期徒刑，并处罚金或者没收财产。

对于在查处窃电行为中有下列行为之一，应当给予治安管理处罚的，由公安机关依照法律的有关规定予以处罚；构成犯罪的，依法追究刑事责任：

a. 殴打、公然侮辱履行职务的查电人员或者抄表收费人员的；

b. 拒绝、阻碍电力监督检查人员依法执行公务的。

二、违约用电及窃电查处适用的法律法规及工作管理标准

《中华人民共和国电力法》（国家主席第60号令）

《中华人民共和国合同法》

《电力供应与使用条例》（国务院第 196 号令）

《用电检查管理办法》（原电力工业部第 6 号令）

《供电营业规则》（原电力工业部第 8 号令）

《关于办理窃电案件的意见》（粤检字［1991］第 1 号）

《南方电网用电检查工作管理标准》

违约用电、窃电查处形式主要是专项检查，其检查程序、检查资格管理、检查纪律、监督与考核等，与其他用电检查项目的工作管理标准相同。

第三节　违约用电与窃电的查处

《广东电网公司营销作业指导书（用电检查专业）》中对违约用电及窃电查处流程作了明确具体的描述，如图 7-7 所示。一般如有以下情况出现就应启动违约用电及窃电查处流程：

（1）接到违约用电、窃电专项检查任务。

（2）群众举报、投诉有违约用电、窃电行为。

（3）日常用电检查发现有违约用电、窃电行为。

一、违约用电及窃电查处的作业步骤及内容

1. 接受信息并分配任务

（1）业务分派人员收到违约或窃电的查处通知或举报信息，应尽可能详细了解相关的用电地址，违约用电、窃电的方式，开始时间，查处的时机等现场情况，同时要注意对举报人或信息来源的保密，防止相关的报复行为。

（2）业务分派人员根据相关信息迅速组织合适的用电检查人员开展查处工作。现场检查人员不得少于两人，并应指定经验较为丰富，沟通能力较强的检查人员担任工作负责人。

（3）签发人签发用电检查工作单，并交代现场注意事项。

（4）带齐所需的工器具，并检查工器具是否合格、绝缘，有无损坏等。对车辆的各项性能进行检查，确认车辆正常。

2. 现场执行用电检查工作

（1）现场检查人员不得少于两人，并随身携带《用电检查证》，检查前主动出示，向客户解释说明检查原因和内容，检查时应由客户方负责人（或代表）随同配合检查。

（2）对违约及窃用电情况进行检查：

1）用电检查员应认真检查计量装置外观、档案资料（电表类别、局编、厂编等）、运行参数（电压、电流数据等）、封印、计量柜、计量互感器、计量表计、计量回路、负控装置、失压记录仪等，并进行初步判断。

2）对于存在异常情况的，应要求客户配合进一步深入检查（开启封印检查计量互感器、计量表计、接线盒、计量回路等，有需要的可将检查范围延伸至相应目标所

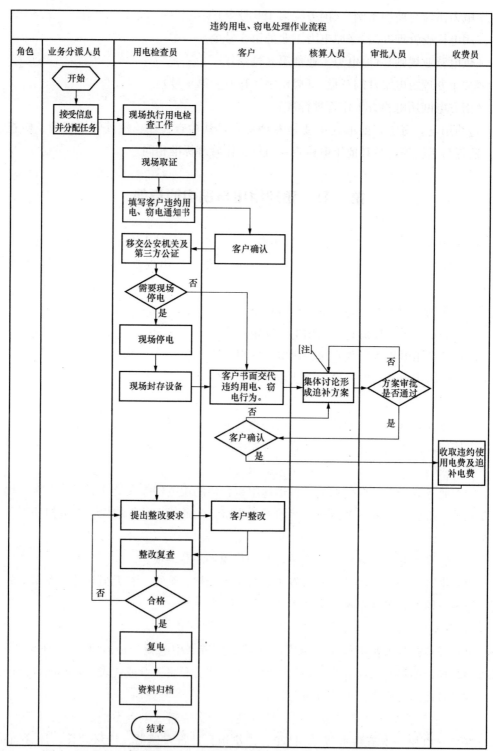

违约用电、窃电处理作业流程

角色	业务分派人员	用电检查员	客户	核算人员	审批人员	收费员

注：用电检查员、电费复核人员、抄表人员根据现场的取证、客户用电记录、客户的书面交代以及《供电营业规则》的相关条款集体讨论确定违约用电、窃电追补电量的计算方法，电费复核人员根据确定的违约用电、窃电追补电量的计算方法形成违约用电、窃电追补方案。

图 7-7　违约用电及窃电行为的查处作业流程图

在处）。

3. 现场取证及证据的有效确认

（1）发现有违约用电、窃电行为后，应组织保护好现场，及时拍摄照片或录音、录像，对窃电事件处理时应报警，寻求公安机关协助取证。

（2）现场询问值班电工、负责人等目击证人，做好现场笔录，根据现场询问记录，形成书面证据。与追补电费数据相关的材料、证据的收集应全面、细致。

（3）及时收缴现场与窃电有关的物证并登记备案，对不易移动的物证进行拍照。

（4）对窃电工具、窃电痕迹、计量表计等需要鉴定的物件，检查人员应与客户一起对其进行封存，并与客户共同在封条上签字，交鉴定机构进行鉴定，鉴定机构出具的书面鉴定结论应及时登记备案。

（5）填写《用电检查现场取证记录表》并完成供电方代表（可为用电检查人员）、用电方代表对取证记录表所描述的现场事实情况予以签名确认，必要时请第三方（见证方，如公安部门、公证处、质监局等）代表同时签名确认。对于窃电查处取证，必须完善供、用及第三方（必须有公安部门）三方对证据材料及取证记录情况的书面签名确认。

（6）在现场检查确认客户存在窃电行为且已完成供电方、第三方（公安部门）代表对《用电检查现场取证记录表》的签名确认后，当窃电客户拒绝配合认证时，应及时报请上级领导同意后，向公安部门申请立案，转刑事侦破或引入司法诉讼（由单位法律业务管理部门对外进行处理）。

4. 发出《违约用电、窃电通知书》

当违约、窃电现场核查取证工作完成后，用电检查人员应立即签发《客户违约用电、窃电通知书》，送达窃电客户，并促其签收。

以规范的书面形式正式告知窃电客户其已存在的违约、窃电行为。签发《客户违约用电、窃电通知书》一式两份，用电检查人员核对、确认内容正确后应签名（加盖单位公章），送达客户并由客户代表履行签收后，一份交客户，一份存档备查。

5. 判断现场是否需要停电

（1）对发现存在窃电行为，原则上应当场中止供电。但对停电可能产生严重后果或重大影响的，应将现场情况向上级领导请示是否停电处理。

（2）违约用电一般不做停电处理。但当客户的违约用电行为（或后果）可能导致危及人身或供电系统运行安全的情况时，应按规定的程序予以停止供电。

6. 现场停电

（1）在确认现场实际情况满足停电条件后，签发《客户停电通知书》一式两份，一份送达客户，以书面告知用户停电时间，并由客户代表履行签收，另一份存档备查。

（2）填写《客户停（复）电工作单》，按安全操作程序执行停电并完善安全措施，若需要对所涉及的停电设备封存的，进行加封并填写《客户设备加（启）封工作单》。

（3）实施停电后应立即将现场情况向上级领导汇报并报 95598 客服中心备案。

（4）供电企业工作人员在处理窃电案件时，工作人员不得少于两人，且不得单独与客户接触。

7. 制定处理方案

对已经查明并完成取证、认证的违约、窃电行为，依照规定制定相应的处理意见。

（1）应根据客户窃电类型和窃电时间、私接容量、计费电能表标定电流值或限流器整定值等数据、参数和电价标准，依照规定计算、确定窃电量及追补电费、违约使用电费用。

（2）与窃电客户交涉后确定追补电费及违约使用电费用的支付方式，确定支付期限。

（3）追补电费应一次性全额付清。

（4）违约使用电费原则上应一次性全额付清，当客户因实际困难采取分期支付方式时，须签订协议，明确还款期限。

（5）确定违约、窃电用户的整改措施内容与要求。

（6）处理方案的制定应由用电检查员、电费复核人员、抄表人员根据现场的取证、用电记录、客户的书面交代以及《供电营业规则》的相关条款集体讨论确定。涉及公司内部人员违规违纪的，由监察部门处理相关人员；涉及营销管理漏洞的，由营销稽查部门督促相关业务落实整改；对于重大窃电案件，需增加对外协调和处理力度的，转交办公室和法律部门参与处理，并及时报上级管理部门。

（7）违约用电处理方案计算：

1）在电价低的供电线路上，擅自接用电价高的用电设备或私自改变用电类别的，承担 2 倍差额电费的违约使用电费。

2）私自超过合同约定容量用电的，二部制电价承担 3 倍私增容量基本电费的违约使用电费，其他应承担私增容量每千瓦（千伏安）50 元的违约使用电费。

3）擅自超过计划分配的用电指标，应承担高峰超用电力每次每千瓦 1 元和超用电量与现行电价电费 5 倍的违约使用电费。

4）擅自使用已在供电企业办理暂停手续的电力设备或启用供电企业封存的电力设备的，二部制电价应承担 2 倍补交电费的违约使用电费，其他应承担擅自使用或启用封存设备容量每次每千瓦（千伏安）30 元的违约使用电费。

5）私自迁移、更动和擅自操作供电企业的用电计量装置、电力负荷管理装置、供电设施以及约定由供电企业调度的受电设备者，属于居民的，应承担每次 500 元的违约使用电费；属于其他的，应承担每次 5000 元的违约使用电费。

6）未经供电企业同意，擅自引入（供出）电源或将备用电源和其他电源私自并网的，应承担其引入（供出）或并网电源容量每千瓦（千伏安）500 元的违约使用电费。

（8）窃电处理方案计算：

1）在供电企业的供电设施上，擅自接线用电的，所窃电量按私接设备额定容量（kVA 视同 kW）乘以实际使用时间计算确定。

2）按同属性单位正常用电的单位产品耗电量和窃电单位的产品产量相乘计算用电量，加上其他辅助用电量后与抄见电量对比的差额。

3）在总表上窃电，按分表电量及正常损耗之和与总表抄见电量的差额计算。

4）按历史上正常月份用电量与窃电后抄见电量的差额，并根据实际用电变化情况确定。

5）其他行为窃电的，所窃电量按计费电能表标定电流值（对装限流器的，以限流器整定电流值）所指的容量（kVA 视同 kW）乘以实际窃用的时间计算确定。

6）窃电时间无法查明时，窃电日数至少以 180 天计算，每日窃电时间：电力按 12 小时计算；照明按 6 小时计算。

8. 反馈意见

（1）如客户对违约用电、窃电处理方案无异议，由负责人签名及加盖指模（盖章）确认。

（2）如客户对违约用电、窃电处理方案有异议，应向供电企业书面提出意见。

9. 收取违约使用电费及追补电费

（1）收费人员凭客户同意的违约用电、窃电处理方案发出《缴款通知书》一式两份，一份给客户，一份给财务备案。

（2）客户通过银行将应缴纳的违约使用电费及追补电费转入供电企业电费账户。供电企业人员严禁以现金方式收取违约使用电费及追补电费。

（3）供电企业财务人员凭《缴款通知书》核对应缴纳的违约使用电费及追补电费是否到账，到账后，及时通知用电检查人员。

10. 整改复电

（1）用电检查人员应会同装表员根据现场的实际情况提出整改要求。整改要求必须保证计量装置的准确计量，以及违约用电行为得到制止。

（2）整改后，用电检查人员组织验收，验收合格后，应在 24 小时内组织复电。

11. 资料归档

用电检查员根据违约用电、窃电处理的先后顺序汇总整理相关资料，及时按照要求归档，将用电检查资料交档案管理员处理，进入用电档案管理流程。

二、违约用电及窃电查处的作业中风险分析及预防措施

（一）作业风险

通过分析，在违约用电及窃电查处的作业中可能存在以下风险：

（1）相关人员内外勾结窃电。

（2）不严格执行防窃电措施。

（3）检查计划制定迟缓，造成检查不及时，影响电费安全，甚至危及人身、设备安全。

（4）参与用电检查工作的人员未具备相应的用电检查资格证。

（5）检查计划泄密。

（6）发生交通事故。

（7）狗咬、蛇伤、蜂蜇。

（8）拒绝配合检查，甚至暴力威胁用电检查人员。

（9）未进行安全交底。

（10）触电或误碰各种按钮。

（11）替代进行电工作业。

（12）取证过程中遭遇暴力阻挠或威胁。

（13）收费时受到暴力威胁。

（14）取证照片是否全面，清晰。

（二）预控措施

对应上面的风险分析，我们制定如下预控措施：

（1）发现人员内外勾结窃电，按章处理，绝不手软，情节严重者追究刑事责任。

（2）现场工作中未严格执行防窃电措施者，应按有关规定严肃处理。

（3）接到举报或本单位工作人员发现情况报告后，必须合理安排检查计划，在7天内完成检查工作并反馈举报人。

（4）参与用检工作的人员必须取得相应的用电检查资格：

1）一级用电检查员能担任220kV及以下电压等级供电客户的用电检查工作；

2）二级用电检查员能担任10kV及以下电压等级供电客户的用电检查工作；

3）三级用电检查员仅能担任0.4kV及以下电压供电客户的用电检查工作；

4）熟悉与供用电业务有关的法律、法规、方针、政策、技术标准。

（5）检查计划实施前，有关人员必须严格保密。检查小组成员严格保密，有关检查信息仅限内部沟通交流使用。

（6）严格遵守交通法规及各级交通安全管理规定、车辆使用管理规定。

（7）发现狗、蛇、蜂窝时注意躲避，必要时持棒而行，不要触碰蜂窝；带备治疗狗咬、蛇伤、蜂蜇的药品。

（8）用电检查工作如遇有雷雨、大风、大雾、冰雹等恶劣天气时必须停止工作。

（9）做好有关情况的记录，向主管领导汇报，必要时请电力设施保护大队或公安机关予以配合。

（10）进行现场检查前，争取客户方陪检人员对检查小组进行检查现场的安全技术交底；如客户方不予以配合，工作负责人也必须对用电检查人员及客户方配合检查人员做好安全交底，并加强监护。

（11）加强安全宣传和安全防范措施。

1）进入配电房或变压器台前应注意察看周围环境的安全状况，当确认无危险且监护人到位后方可进入。

2）检查时与带电体保持足够的安全距离，不允许进入运行设备的遮栏内，避免发生触电危险；防止误碰跳闸按钮和操动机构。

3）一般不应接触运行设备的外壳，如需要触摸时，则应先查明其外壳接地线是否良好，以防漏电造成人身触电事故。

4）对电力进行带电检查时，不可进行电气操作；禁止对带电的 10kV 开关柜进行开柜检查。

（12）不得在检查现场替代客户进行电工作业。

（13）检查小组注意自我保护，不主动引发与客户冲突；必要时请电力设施保护大队或公安机关协助取证。

（14）营业人员应冷静处理，有理有节，耐心向客户解释说明，努力使其保持平静，必要时请保安人员提供协助。

（15）现场取证照片应全面、清晰。

（三）其他注意事项

在公共关系方面还要注意以下事项：

（1）查电应有组织地开展工作，严禁私自查电。查电前应向有关领导请示和获得批准，或由有关领导布置组织措施后方可进行。

（2）白天查电时，应劝阻群众围观，禁止儿童进入现场。因为群众围观会影响查电人员工作情绪，容易造成混乱，而儿童进入现场则容易发生意外。

（3）夜间查电时应有专人负责安全保卫工作，尤其是进入配电室查电时应注意设专人在室外监护和对一些不明真相的群众做好宣传解释工作。

（4）侦查依仗权势，公然窃电一类的钉子户时，应派出经济警察配合或请公安部门协助进行，以免发生意外。

（5）查电人员与用户有亲属、朋友等关系时应尽量回避，以免碍于情面而影响查电效果或干扰查电人员的情绪。

（6）查获窃电后需要停电时，若窃电者以武力阻挠，则不要强行停电，以免发生冲突。解决办法宜采用缓兵计，先向用户做好宣传、解释工作和办理签字认证，停电罚款则待后执行。

三、取证方法及内容

证据是能够证明案件真实情况的事实，是行为人在一定的时空里，通过一定的行为，遗留在现场的痕迹、印象。违约用电、窃电的查处包括行为的查明和事实的处理两部分内容。查明是用电检查人员发现违约用电、窃电行为并获取相关证据，认定违约用电、窃电事实。处理是指供电企业有充分证据对认定的违约用电、窃电者依法追补其电费及违约使用电费或提请电力部门及公安、司法机关进行处理。由此可见，做好现场违约、违规用电证据收集工作对后续的事实认定和处理至关重要。下面对相关取证的方法和内容进行简单介绍。

（一）违约用电、窃电行为应具备的条件

（1）主体要件：客户，包括个人和单位。

（2）客体要件：破坏供用电秩序，对正常生产和人民生活造成了影响和危害。

（二）违约用电、窃电证据的特点

客户违约用电、窃电证据具有证据的一般特征，即客观性与关联性。此外，由于电能的特殊属性所决定，违约用电、窃电证据表现出不同于其他证据的独立特性，即不完整性和推理性。

（1）客观性是指证明违约用电、窃电案件存在和发生的证据是客观存在的事实，而非主观猜测和臆想的虚假东西。

（2）关联性是指证据事实与违约用电、窃电案件有客观联系，二者之间不是牵强附会或者毫不相关。

（3）不完整性是指由于电能的特殊属性所致，只能获得违约用电、窃电行为的证据，有时无法直接获取违约用电、窃电财物——电能的证据，即违约用电、窃电案件无法人赃俱获。

（4）推定性是指如发生窃电行为，窃电量往往无法通过用电量装置记录，只能依赖间接证据推定窃电时间进行计算。

（三）对违约用电、窃电证据的要求

用于定案的违约用电、窃电证据，同其他证据一样，必须同时具备合法性、客观性、关联性，缺一不可。

（1）依法获取证据。违约用电、窃电证据的取得必须合法，只有通过合法途径取得的证据才能作为处理的依据。

（2）用电检查人员执行检查任务履行法定手续，而且不能滥用或超越电力法及配套规定所赋予的用电检查权。

（3）经检查确认，确定有违约用电、窃电的事实存在。

（4）违约用电、窃电取证保全严格依法执行。

（5）物证的制作应完整规范。

（四）证据的获取

1. 依法收集窃电证据

证据的取得必须合法，只有通过合法途径取得的证据才能作为定案的依据。因此，收集窃电证据时必须注意以下事项：

（1）用电检查人员具有用电检查资格，而且不能滥用或超越《电力法》及配套规定所赋予的用电检查权。

（2）执行检查任务时履行法定手续。

（3）经检查确认，确实有盗窃电能的事件发生。

（4）窃电取证严格依法进行。

用电检查人员应当严格按照法定的程序进行用电检查。程序合法是证据合法有效的前提。用电检查人员依法进行用电检查发现窃电行为时，收缴窃电工具、进行现场勘查、询问窃电行为人、拍摄现场照片等，这些都是合法的行为。但是，在采取录音方式取证时，必须履行法定程序，即征得被录音人同意。最高人民法院司法解释明确规定：

"未经对方当事人同意私自录制其谈话，是不合法行为，以这种手段取得的录音资料不能作为证据使用"。因此，用电检查人员对这点必须加以注意。

2．有效取证部门

对违约用电、窃电案件具有法定取证职责的部门，包括供电企业、公安机关和人民法院，以供电企业为主。供电企业查获窃电后，在案情重大的情况下，应请公证人员到现场，由公证人员对现场窃电状况进行公证，取得有力证据，人民法院通常将公证证据作为认定事实的依据。

3．违约用电、窃电取证的方法和内容

违约用电、窃电取证的方法和内容比较多，主要包括以下几个方面：

（1）供电企业自行取证。

1）拍照。

2）摄像。

3）录音（需征得当事人同意）。

4）提取损坏的用电计量装置。

5）收集伪造或者打开加封的用电计量装置封印。

6）收缴使用用电计量装置不准或失效的窃电装置、窃电工具。

7）在用电计量装置上遗留的窃电痕迹的提取及保全。

8）制作用电检查的现场勘验笔录。

9）经当事人签字的询问笔录。

10）经当事人签字的用电检查通知书（告知窃电事实）。

11）收集客户用电量显著异常变化的电费单据。

12）收集当事人、知情人、举报人的书面陈述材料。

13）收集专业试验、专项技术鉴定结论材料。

14）供电部门的线损资料、值班记录。

15）客户产品、产量、产值统计表。

16）该产品平均耗电量数据表。

（2）公安部门、人民法院取证。对供电企业因客观原因不能自行收集的证据，由公安部门、人民法院进行取证。例如，当事人有关内部生产信息档案，人民法院认为需要鉴定、勘验的证据材料，当事人之间各自提供的证据相互矛盾无法认定的，公安部门、人民法院认为还需收集的其他证据。

（3）针对不同的主体，收集、提取不同的证据。对居民客户发生违约用电、窃电的，只需收集上述第（1）条中的1）～11）项窃电证据。对企业、事业单位、低压电力户违约用电、窃电的，除要收集上述第（1）条中的1）～11）项窃电证据外，还应结合实际处理情况收集12）～16）项证据。对制造、销售窃电工具的，要收集该产品的说明书、产品、设计图纸、销售渠道（网点），尽快向公安机关报案。

4. 注意事项

（1）收集、提取证据要主动及时。违约用电、窃电证据是能够证明窃电案件真实情况的事实，是行为人在某一时间段，通过一定的行为，遗留在窃电现场的痕迹、印象。如窃电者的口供、签字、笔录、现场情况、作案工具、计量检定机构的鉴定及其他特殊证据。一般而言，其表现形式为一定的物品、痕迹或语言文字，而这些与时间具有密切的关系，离案发时间越近，发现和提取这些证据的可能性就越大，知情人的记忆越清晰，其真实性就越强，证据就越充分和有价值。

（2）取证行为要合法。用电检查人员执行检查任务时要严格履行工作程序，填制相关单据并经当事人签字确认，同时取证过程应严格依法进行，不能滥用或超越电力法规赋予的用电检查权。

（3）窃电物证的提取要完整，保存要规范。

第四节　常见计量装置错误接线及退补电量计算

电能计量装置是供用电双方进行电能公平买卖的测量工具，因此电能计量装置的准确性直接关系到供用电双方的经济利益。经检定符合准确度等级的电能表和互感器其基本误差一般很小，但错误的接线所带来的计量误差可能高达百分之几十，甚至几百，因此，对电能表的错误接线不但要善于发现和纠正，同时，还更要根据现场的错误接线情况进行分析，使错接线时差错电量得到及时和基本准确的更正。在第六章第一节里我们已经介绍了"电能计量装置的正确接线"。在这里，通过讨论几种典型的"电能计量装置的错误接线"以及退补电量的计算，以丰富反窃电工作的知识。

在电能计量装置的安装接线过程中，由于各种因素，难免出现一些错误接线，特别是三相电能表由于使用场合广泛，发生的一些错误接线更是种类繁多。

注：为了下面分析方便先作如下假设：

（1）计量装置接线正确时用户消耗的准确功率值＝$P_\text{真}$。

（2）计量装置接线不正确时用户实测的对应表读数的功率值＝$P_\text{计}$。

其中：单相电路

$$P_\text{真}=UI\cos\phi$$

三相电路　$P=\sqrt{3}U_1 I_1\cos\phi=3U_\text{ph}I_\text{ph}\cos\phi$（三相对称）。

当计量装置接线正确时，则 $P_\text{计}=P$。

当计量装置接线不正确时，会 $P_\text{计}\neq P$。

一、单相表误接线

单相表虽然接线较为简单，但其错误接线类型比较典型，而且其用量很大，所以要对其重视。

1. 相、中性线进表接反

如图 7-8 所示，相线上流过的电流为：$I=I_1+I_2$

流过电能表电流元件的电流为：I_1，$I_1 < I$ 且 $P_计 < 0$，所以电能表慢反转。

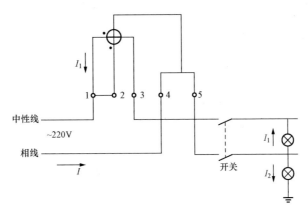

图 7-8　单相表相、中性线进表接反

2. 单相表电压小钩未接

如图 7-9 所示，因为电能表电压 U 为零，$P_计 = 0$，所以电能表不转。

3. 电流互感器二次侧开路

如图 7-10 所示，因为电能表电流 I 为零，$P_计 = 0$，所以电能表不转。

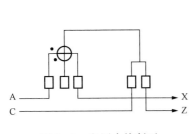

图 7-9　电压小钩断开

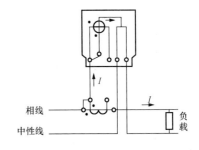

图 7-10　电流互感器二次侧开路

4. 电流互感器二次侧或一次侧短路

如图 7-11 所示，因为电能表电流 I 接近为零，$P_计 = 0$，所以电能表基本不转。

5. 电流互感器极性接反

如图 7-12 所示，因为电流互感器极性接反，流过电能表电流线圈的电流和正确接法时反相，

$$I' = -I \qquad P_计' = -P_真$$

所以电能表反转。

二、三相四线有功电能表的错误接线

目前我国的低压配电网大部分都是三相四线制，所以三相四线有功电能表主要用作低压计量。其错误接线一般有如下几种。

1. 一相电压断开

如图 7-13 所示，因为第一个元件的电压小钩未接，即一相元件的电压为零，

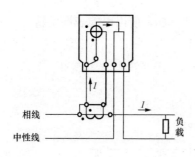

图 7-11 电流互感器二次侧短接

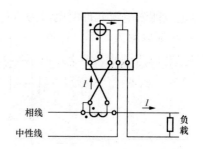

图 7-12 电流互感器极性接反

$$P_{真}' = 2U_{相} I_{相} \cos\phi = \frac{2}{3} P_{真}$$

所以电能表慢走。

2. 一相电压断开、一相电流反接

如图 7-14 所示，因为三元件中第一个元件的电流线圈接反了，第三个元件的电压小钩未接，即一相元件的电压为零、另一相元件电流反相，

$$P_{真}' = 0 + U_{相} I_{相} - U_{相} I_{相} = 0$$

所以电能表不走。

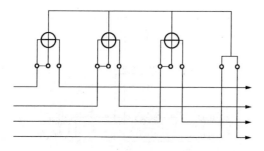

图 7-13 一相电压小钩未接

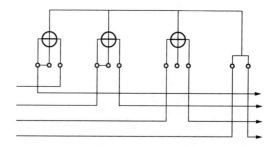

图 7-14 一相电压小钩未接、一相电流反接

3. 有两相线圈未接对应相

如图 7-15 所示，因为有两相线圈未接对应相，P_1'、P_2'、P_3' 分别为三元件所计量电能对应的功率，通过分析有：$P_{真}' = P_1' + P_2' + P_3' = 0$，所以电能表不走。

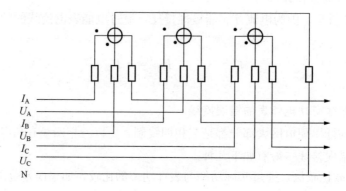

图 7-15 有两相线圈未接对应相

三、三相三线有功电能表的错误接线

我国配电网的大用户有功、无功电能计量采取三相三线两元件电能表。一般它与电压互感器 TV、电流互感器 TA 构成计量装置。TA 二次有 8 种常见接线（如图 7 - 16 所示）；TV 二次有 24 种接线，其中 6 种是常见的（如图 7 - 17 所示），每一种 TV 二次接线都可以与 8 种 TA 二次接线相组合，演变出 $6 \times 8 = 48$ 种常见的接线，这 48 种接线均可用"三相电能表现场校验仪"检测出来。完全正确的只有一种接法（见图 7 - 2）。

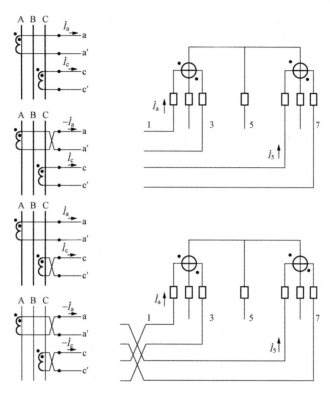

图 7 - 16　电流电路与 TA 的 8 种接法

四、检查电能计量装置接线是否正确的简便方法

因为单相有功电能表只有一组电磁元件，接线较为简单，因此错误接线时容易被发现。这里不作介绍。下面就三相四线、三相三线有功电能表及现场带电检查的接线分析进行讨论。

（一）三相四线电能表接线的检查

保持其中任一元件的电压和电流，而断开其他元件所加的电压，在正确接线下，电能表的转盘应正转，若三相负载对称时，其转速约为原来的 1/3，若转盘反转或转速相差较大，则可能有错误接线。

（二）三相三线电能表接线的检查

（1）实负载比较法。通过实际功率与表计功率的比较，如果误差范围较大，则可判断接线有错。运用的条件是负载功率必须稳定，其波动应小于 $\pm 2\%$。

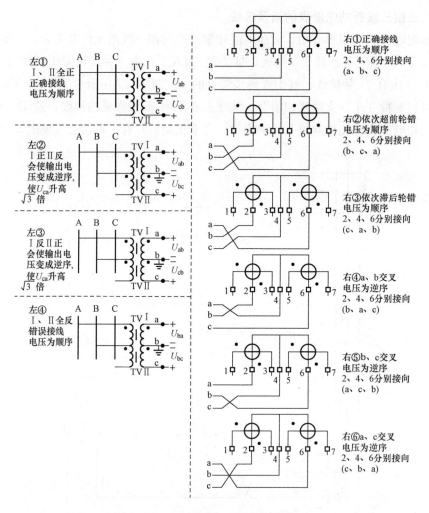

图 7-17　电压电路与 TV 的 24 种接法

（2）断开 B 相电压法。若断开电能表的 B 相电压，电能表的转速比断开前慢一半左右，（此时电能表电压线圈承受的电压为额定电压的一半，转动力矩也降低一半）则说明原接线是正确的。（此时观察电子式电能表的状态，有功脉冲输出指示灯闪烁的频率比断开 B 相电压前慢一半）

运用的条件是：

1）负载功率方向不变且稳定，负载应不低于额定功率的 20％。

2）三相电路接近对称电压接线正确。

3）电能表中不能有 B 相电流通过。

4）负载功率因数应大于 0.5 小于 1。

（3）电压交叉法。对换 A、C 相电压后，电能表不转，则可说明原接线是正确的。因为 A、C 相电压交叉时，电能表产生的转矩为零。（此时观察电子式电能表的状态，有功脉冲输出指示灯应不再闪烁）

运用的条件是：

1）负载功率方向不变且稳定，负载应不低于额定功率的 20%。

2）三相电路接近对称电压接线正确。

3）电能表中不能有 B 相电流通过。

4）负载功率因数应大于 0.5 小于 1。

（4）六角图法确定电能表的接线方式。

断开 B 相电压法和电压交叉法都只能判断接线是否正确，如果接线不正确，那这两种方法不能判断其具体错误类型，要判断其具体接线错误类型，还是用六角图法来确定。六角图法就是通过测量与功率相关量值来比较电压、电流相量关系，从而判断电能表的接线方式。它的适应条件是：

1）三相电压相量已知，且基本对称。

2）电压和电流都比较稳定。

3）已知负荷性质（感性或容性）和功率因数的大致范围，且三相负荷基本平衡。

六角图法的理论依据：假设已知三相电压和电流的相量，负载为感性且三相对称，如图 7-18 所示，用电压电流相量确定功率。

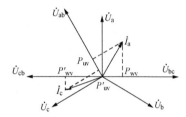

图 7-18 三相三线电路电压、电流相量图

从 I_a 的顶端分别向 U_{ab}、U_{cb} 作垂线，则可得到 I_a 对应线电压的有功功率分量 P_{UV}、P_{WV}；同样，从 I_c 的顶端分别向 U_{ab}、U_{cb} 作垂线，则可得到 I_c 对应线电压的有功功率分量 P'_{UV}、P'_{WV}。反过来，如果已知 P_{UV}、P_{WV}、P'_{UV}、P'_{WV}，并在相应线电压上作垂线，则两条垂线相交点与原点的连线即分别为 I_a、I_c。

由于电能是功率与时间的乘积，所以，我们也可以在一定时间里用标准电能表来测量相应的功率值，从而确定电流。

六角图的检查步骤与方法：

（1）测量电压端钮间的线电压值。

（2）确定 b 相电压并测定电压相序。

（3）测量电流值。

（4）利用标准电能表或者相位表画出六角图确定电流相量。

目前多采用相位伏安表和电能表现场校验仪直接测出电压、电流及它们之间的相位角，直接画出相量图。利用相量图判断电能表接线是否正确，并可从相量图中找到改正错误接线的途径。

（三）现场带电检查接线

在利用以上介绍的方法来分析计量装置接线时，都有对线路进行带电检查，下面就其相关内容作简要讨论。

1. 带电检查的注意事项

对运行中的电能计量装置，在下列情况下应进行带电检查接线：

（1）新安装的电能表和互感器。

（2）更换后的电能表和互感器。

（3）电能表和互感器在运行中发生异常现象。

带电检查是直接在互感器二次回路上进行的工作，一定要严格遵守电力安全规程，特别要注意电流互感器二次不能开路，电压互感器二次不能短路。因为电流互感器是工作在短路状态下，一旦二次开路，二次绕组上会感应出很高的电势，对人身和设备都会造成极大的危害；而电压互感器二次一旦发生短路，不仅会损坏互感器本身，还会使继电保护装置误动作，可能造成严重的系统事故。

2. 带电检查步骤

单相接线与三相四线接线相对简单，出现错误的机会相对较少，且容易发现，故我们只研究三相三线时的情况。

（1）测量三相电压。用电压表测量电能表电压端钮的三相线电压，在正常情况下，三相电压是接近相等的，约 100V（以高压三相表为例）。如测得的各相电压相差较大，说明电压回路存在断线或者极性接反的情况。具体错误上面已分别加以分析。

（2）检查电压接地点及判明接线方式。将电压表的一端接地，另一端依次触及电能表的电压端钮，如有两个电压端钮对地电压为 100V，余下一端对地电压为 0，则说明是两台电压互感器接成 V 形连接，电压约为 0 端则为 b 相。如电压端钮对地无电压或者电压数值很小，说明二次电压回路没有接地。

（3）测三相电压相序。用相序表测三相电压相序，确定是正相序还是逆相序。再根据已判明的接地相为 b 相，就能确定其余两相的相别。

（4）检查电流接线。首先查明电流互感器二次回路接地点，可用一根两端带有夹子的短路导线来确定。将导线一端接地，另一端依次连接电能表电流端钮。若电能表转速变慢，则该端钮没有接地，若电能表转速无变化，则该端钮是接地点。当电流二次共用连线断开时，用短路导线接地，则电能表转速变快。

用钳形电流表依次测量各相电流，要是数据基本接近，则说明接线正确。若测得两相电流约为 $\sqrt{3}$ 倍的关系，则说明其中有一相电流互感器极性接反。

（5）判断电能表接线方式。经过上述检查，还无法确定电能表电流与电压之间的对应关系，还不能真正确定接线是否正确。因此，还必须结合断 b 相电压法、ac 相电压交叉法、六角图法、相位表法等。

3. 三相电能表现场校验仪

电能表现场校验仪是当今电力部门现场校验的有力工具。

三相电能表现场校验仪功能：能够测量三相电流、电压、有功功率、无功功率、相位、功率因数、频率；能够现场校验感应式三相三线、三相四线有功、无功电能表，电子式电能表；有向量图实时显示功能，可以直接显示电压、电流相量图，瞬间识别错误接线。

4. 相位伏安表

相位伏安表是一种既能测量交流电压、电流，又能测量电压和电流之间相位关系的电工仪表。其使用方法如下：

测量前应通过旋转功能开关正确选择测量参数及量限。测量交流电压时，两根电压测量线中的红色线对应电能表的电压极性端，经电压互感器接入式电能表选 200V 量程，直入式电能表选 500V 量程；测量交流电流时，钳形电流互感器带红色"*"符号的一侧为电流输入端，量程应根据电能表标定电流选择。测量电压与电流之间的相位角时，功能开关旋转至 [U1I2] 位置，电压测量线接 [U1] 端钮，用 2♯电流钳接 [I2] 端钮，测量结果为电流滞后电压的相位角。

五、退补电量的计算

退补电量计算就是通过更正系数 G_X，可从抄见电能量 $W_计$ 中推算出用户所消耗的实际电能量 $W_真$。

更正系数：计量装置正确接线下用户消耗的实际功率值 $P_真$ 与错误接线下形成的实测功率值 $P_计$ 之比，即：

$$G_X = \frac{P_真}{P_计} = \frac{P_真}{P_计}\frac{T}{T} = \frac{W_真}{W_计}$$

其中：$W_真$ 是在一个抄表期内正确接线时用户所消耗的实际电能量；$W_计$ 是错误接线时电能表所计量的抄见电能量；G_X 是更正系数。

有了 $P_计$ 和 G_X 的值可以推算出该抄表期内用户消耗的实际用电量 $W_真$，即：

$$W_真 = W_计 G_X = (本月抄见数 - 上月抄见数) \times \frac{P_真}{P_计}$$

其中正确计量方式下的 $P_真$ 是固定不变的：

三相三线两元件有功电能表为 $\qquad P_真 = \sqrt{3}U_1 I_1 \cos\phi$

三相四线三元件有功电能表为 $\qquad P_真 = 3U_p I_p \cos\phi$

G_X 的值变化规律如下：

$G_X > 1$，表明计量装置少记电量；

$G_X = 1$，表明计量装置计量正确；

$0 < G_X < 1$，表明计量装置多记电量；

$G_X < 0$，表明计量装置表盘反转。

第五节 反窃电常用技术与方法

一、防窃电技术措施

（一）采用专用计量箱或专用电表箱

这项措施对多种窃电手法都有防范作用，适用于各种供电方式的用户，是首选的最有效的防窃措施。在实施这项对策时，通常根据用户的计量方式采取相应的做法，高供高计专用变压器用户采用高压计量箱；高供低计专用变压器用户采用专用计量柜或计量箱，即容量较大采用低压配电柜（屏）供电的配套采用专用计量柜（屏），容量较小无低压配电柜（屏）供电的采用专用计量箱；低压用户则采用专用计量箱或专用电表箱，即容量较大经 TA 接入电路的计量装置采用专用计量箱，普通三相用户采用独立电表箱，单居民用户采用集中电表箱，对于较分散居民用户，可根据实际情况采用适当分区后在用户中心安装电表箱。要求计量箱或电表箱不但要足够牢固，而且最关键的还是箱门的防撬问题。比较实用的方法有如下三种：

（1）箱门加封印。

（2）箱门配置防盗锁。

（3）将箱门焊死。

（二）封闭变压器低压出线端至计量装置的导体

这项措施主要用于防止无表法窃电，同时对通过二次线采用欠压法、欠流法、移相法窃电也有一定的防范作用。适用于高供低计专用变压器用户。

（1）对于配变容量较大采用低压计量柜（屏）的，计量 TV、TA 和电能表全部装于柜（屏）内，需封闭的导体是配变的低压出线端子和配变至计量柜（屏）的一次导体。铁箱应设置箱门，并在门上留有玻璃窗以便观察箱内情况，箱门的防撬可参照计量箱的做法。

（2）对于配变容量较小采用计量箱的，当计量互感器和电能表共箱者，可参照上述采用计量柜时的做法进行；当计量互感器和电能表不同箱者，计量用互感器可与变低出线端子合用一个铁箱加封，电能表箱按本章第一节介绍的做法处理，而互感器至电能表的二次线可采用铠装电缆，或采用普通塑料、橡胶绝缘电缆并穿管套住。

（三）采用防撬铅封

这条措施主要是针对私拆电能表的扩差法窃电，同时对欠压法、欠流法和移相法窃电也有一定的防范作用，适用于各种供电方式的用户。

与旧式铅封相比，新型防撬铅封在铅封帽和印模上增加了标识字数，并适当分类和增加防伪识别标记（由各供电局自行设定），从而使窃电者难以得逞。为确保防撬铅封能达到预期效果，对铅封的使用应有一套比较严密的管理办法。

（四）采用双向计量或逆止式电能表

这是针对移相法窃电所采用的对策，适用于无倒供电能的高压供电用户和普通低压用户。

社会上一些所谓的窃电专业户，通过利用窃电器使电能表在短时间内快速倒转。针对这一类窃电行为，比较有效又简便易行的办法就是采用双向计量电能表或采用逆止式电能表。采用双向计量电能表，移相法窃电使电能表倒转时计度器不但不减码反而照常加码；若采用逆止式电能表，其作用主要就是防倒转。

（五）规范电能表安装接线

这条措施对欠压法、欠流法、扩差法、移相法窃电均有一定的防范作用，具体做法如下。

（1）单相表相、中性线应采用不同颜色的导线并对号入座，不得对调。主要目的是防止一线一地制或外借中性线的欠流法窃电，同时还可防止跨相用电时造成电能少计。

（2）单相用户的中性线要经电能表接线孔穿越电能表，不得在主线上单独引接一条中性线进入电能表，目的主要是防止欠压法窃电。

（3）三相用户的三元件电能表或三个单相电表中性点中性线要在计量箱内引接，绝对不能从计量箱外接入，以防窃电者利用中性线外接相线造成某相欠压或接入反相电压使某相电能表反转。

（4）电能表及接线安装要牢固，进出电能表的导线要尽量减少预留长度，目的是防止利用改变电能表安装角度的扩差法窃电。

（5）接入电能表的导线截面积太小造成与电能表接线孔不配套的应采用封、堵措施，以防窃电者利用 U 形短接线短接电流进出线端子。

（6）三相用户的三元件电能表或三个单相电能表的中性点中性线不得与其他单相用户的电能表中性线共用，以免一旦中性线开路时引起中性点位移，造成单相用户少计。

（7）认真做好电能表铅封、漆封，尤其是表尾接线安装完毕要及时封好接线盒盖，以免给窃电者以可乘之机。电能表的铅封和漆封用于防止窃电者私自拆开电能表，并为侦查窃电提供证据。

（8）三相用户电能表要有安装接线图，并严格按图施工和注意核相，以免由于安装接线错误被窃电者利用。

（六）规范低压线路安装架设

采用这一措施目的主要是防止无表法窃电，以及在电能表前接线分流等窃电手法。具体做法如下：

（1）从公用变出线至进户表电源侧的低压干线、分支线应尽量减少迂回和避免交叉跨越。当采用电缆线时，接近地面部分宜穿管敷设；当采用架空明线时，应清晰明了并尽量避免贴墙安装。

（2）表前的干线、分支线与表后进户线应有明显间距，尽量避免同杆架设和交叉。

（3）相线与中性线应按 A、B、C、O 采用不同颜色的导线并按一定顺序排列。

（4）不同公用变压器供电的用户应有街道明显隔开，同一建筑物内的用户应由同一公用电源供电，不同公用变压器台区的用户不要互相交错。

（七）三相三线用户改用三元件电能表计量

采用这一措施的目的是防止欠流法和移相法窃电，适用于低压三相三线用户。

对于低压三相三线用户的电能计量，习惯上通常采用一只三相二元件电能表。从原理上讲，无论三相负荷是否对称，这种计量方式都是无可非议的。但是，这种计量方式却给窃电者提供了可乘之机。

（八）低压用户配置漏电保护开关

这项措施可以起到一举多得的作用。既可以起到漏电保护作用，又可对欠压法、欠流法、移相法窃电起到一定的防范作用。适用于低压三相用户和普通单相用户。

（九）计量 TV 回路配置失压记录仪或失电压保护

此举的目的主要是防止高供高计用户采用欠压法窃电，对其他经 TV 接入的计量方式也同样适用。

采用失压记录仪或失压保护这项措施，既可以对欠压法窃电起到一定的防范作用，同时也是对计量电压回路出现故障时的一种补救措施。实施时应结合实际，灵活运用。

（十）采用防窃电能表或在表内加装防窃电器

这一措施主要用于防止欠压法、欠流法和移相法窃电，比较适合于小容量的单相用户。

近年来，为了防范形形色色的窃电行为，各种防窃电的产品也应运而生。这些产品可分为两类，一类是表内配置防窃电器的防窃电能表；另一类是可以安装在电能表内部的防窃电器。因此，防窃电的核心部件就是防窃电器。防窃电器的生产和应用目前尚处于探索阶段，这类产品还没有公认的品牌，使用经验也还不足。因此，从积极、稳妥的角度来考虑，使用前应多做调查研究，然后择优选用；也可小量试用，取得经验并认为有推广价值后再批量应用。

（十一）禁止在单相用户间跨相用电

这一措施主要用来防止单相表不规范接线情况下出现的移相法窃电。近年来，有人把单相电焊机的 380V 抽头接到不同相别的单相用户间跨相用电。这种做法可能造成计量失准。

（十二）禁止私拉乱接和非法计量

所谓私拉乱接，就是未经报装入户就私自在供电部门的线路上随意接线用电，这种行为实质上属于一种无表法窃电；所谓非法计量，就是通过非正常渠道采用未经供电局校表室校验合格的电能表计量，这种行为表面上与无表法窃电有所不同，而实质上也是一种变相窃电。因此，这两种行为都应坚决禁止。要用电就必须办理报装入户手续，并通过正常渠道装表接电；遇到电能表故障或损坏，也应到供电营业部门办理更换手续。其目的不仅是为了防窃电，同时也是保证用电安全，防止发生人身和设备事故的必要措施。对此，供电部门应加强宣传力度，晓以利害，使用户懂法守法，自觉做到安全用电。

（十三）改进电能表外部结构使之利于防窃电

此举目的主要是防止私拆电能表的扩差法窃电，其次是防止在表尾进线处下手的欠流法、移相法窃电。主要做法有如下几点：

（1）取消电能表接线盒的电压联片，改为在表内连接，使外面接线盒处无法解开。

（2）电能表盖的螺钉改由底部向盖部上紧，使窃电者难以打开表盖。

（3）加装防窃电能表尾盖将表尾封住，使窃电者无法触及表尾导体。表尾盖的固定螺钉应采用铅封等防止私自打开的措施。

以上介绍的十多种防窃电技术措施，其中最重要的是前三种，就像打仗时设置的第一道防线，其余则是辅助性措施或针对性措施，构成第二道防线。实施时第一道防线是最基本的，也是防窃电效果最好的，但是也有一定的局限性，因而就有必要增加一些辅助措施或针对性措施，从而构成比较完整的防范系统。至于第二道防线如何配置，这就要根据实际情况灵活运用。防窃电主要技术措施配置情况如图 7 - 19 所示。

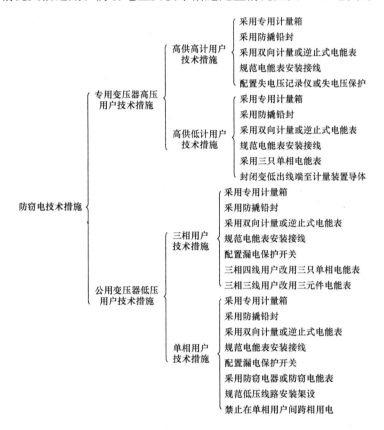

图 7 - 19 防窃电主要技术措施配置图

二、窃电的侦查方法

用电检查人员在侦查窃电时有一套自己的侦查方法，归纳起来主要有：直观检查法、电量检查法、仪表检查法、经济分析法四种方法，简称为"查电四法"。

1. 直观检查法

通过眼看、口问、耳听、手摸等手段检查铅封、电能表、连接线、互感器等，从中发现窃电的蛛丝马迹。

（1）检查电能表。主要从直观上检查电能表安装是否正确牢固，铅封是否原样，表壳有无机械性损坏，电能表选择是否正确，运转是否正常等。

（2）检查接线。开路、短路、更改、错接、绕越、TA/TV 二次导线。

（3）TA/TV 实际接线和变比。TA：导线截面≥4mm²。TV：导线截面≥2.5mm²。

（4）检查铅封。铅封是否被启封过，铅封的种类是否正确，判断铅封是否被伪造。

2. 电量检查法

（1）对照容量查电量。设备实际投运率，客户的用电设备容量是指其实际使用容量，而不是客户的报装容量。用电设备构成情况主要是指连续性负载和间断性负载各占百分比，而不是动力负载和照明各占多少。

（2）对照负荷查电量。实测负荷，估算电量；采用连续性负荷电量测算法、间断性负荷测算法估算出用电量，然后以电能表的计算电度对照检查。

（3）前后对照查电量。看有无用电量突变，把客户当月用电量与上月用电量或再上月用电量对照检查。如发现突然增加或突然减少都应查明原因。电量突然比上月增加，则重点应查上月；电量突然减少，则重点应查本月。

3. 仪表检查法

仪表检查法是一种定量检查方法，通过采用普通的电流表、电压表、相位表（或相位伏安表）进行现场定量检测，从而对计量设备的正常与否作出判断，必要时还可用标准电能表检验客户电能表。

（1）用电流表。钳型电流表、TA 变比。

1）用钳形电流表检查电流。这种方法主要用于单相客户和小容量三相客户。检查是将相线、中性线同时穿过钳口，测出相线、中性线电流之和。单相表的相线、中性线电流应相等，和为零；三相表的各相电流不相等，中性线电流不一定为零，但相线、中性线之和应为零，否则必有窃电或漏电。

2）用钳形电流表或普通电流表检查有关回路的电流。其目的主要是：检查 TA 变比是否正确，检查 TA 有无开路、短路或极性接错。

3）通过测量电流值粗略校对电表。测量期间负荷电流应相对稳定，并根据用电设备的负荷性质估算出 $\cos\phi$ 值，然后计算出电能表的实测功率（也可用盘面有功功率表读数换算），读取某一时段内电能表的转数，再与当时负荷下的理论转数对照检查。

（2）用电压表。可用普通电压表或万能表的电压挡，检测计量电压回路的电压是否正常。

1）检查有无开路或接触不良造成的失压或电压偏低。

2）检查有无 TV 极性接错造成的电压异常。

3）检查 TV 出线端至电能表的回路压降。正常情况下三相应平衡且压降不大于 2%。

（3）用相位表。可用普通相位表或相位伏安表，通过测量电能表电压回路和电流回路间的相位关系，从而判断被检测的三相三线电能表、三相四线电能表接线的正确性。

（4）用电能表。当互感器及二次接线经检查确认无误而怀疑是电能表不准时，可用准确的电能表现场校对或在校表室校验。

4. 经济分析法

经济分析法包括两个方面：一方面是对供电部门内部的电网经济运行状况进行调查

分析，从线损率指标入手侦查窃电；另一方面是从客户功率因数考核入手侦查窃电。

（1）线损分析法。

1）做好统计线损率的计算和分析。

2）做好理论线损的计算、分析和推广理论线损的在线实测。

3）从时间上对线损率变化情况进行纵向对比。

4）从空间上对线损率差异情况进行横向对比。

（2）用户单位产品耗电量分析法。所谓单位产品耗电量，是指以用户用于生产管理的总用电量除以其单位产品总数量所得出的平均单位产品耗电量。

其计算公式为

$$W_{\mathrm{D}} = \frac{W_{总}}{M}$$

式中　　$W_{总}$——用户用于生产管理的总用电量；

　　　　M——用户所生产单位产品总数量；

　　　　W_{D}——单位产品耗电量。

用户单位产品耗电量分析法通常只适用于工矿企业，而不适用一般的小用户。由于用户的单位产品总数量比较难以掌握，要求用电检查人员必须经常了解用户的生产情况和经营状况。

（3）用户功率因素分析法。对于某一种类型的企业或生产厂家，由于其生产设备大同小异，而且客户的生产设备是相对固定的，所以一个生产稳定的客户从电能计量所反映出来的有功和无功电量的比例是相对稳定的。一般的窃电者比较难保持从计量装置反映出来的功率因数不变，因此，对客户功率因数的监视也是一种侦查窃电的方法。

第六节　典型工作案例

为了更好地理解用电检查中违约用电、窃电的查处作业，本节安排了若干个案例。其中，案例一至案例五着重于违约用电、窃电的检查；案例六至案例八着重于追补电量、电费的计算。

［案例一］在用电普查时发现的改变接线窃电

2006 年 6 月 25 日，××供电营业所用电检查员姚某、陈某在对××线开展营业普查工作时，发现××台区配变电量下降幅度较大，极不正常。这一情况引起了他们的高度重视，姚某迅速上报所长，并向用电检查所同志反映了情况，当天天气酷热，检查所工作人员接到信息后，二话没说，马上驱车赶往现场，顾不上喝口茶，就迅速对该变压器计量装置进行了检查。通过近一个多小时一系列的检查与测量，证实计量箱封印为伪造，A 相电压线芯线已被人为揉断，电能表只计量了 B、C 二相电流，这一窃电手法非常明显，检查过程已摄像取证，经分析窃电嫌疑人应是该村村电工王某，此人已有窃电前科。为此，用检所的同志找到了王某进行了调查，在事实与证据面前，王某对其窃电行为供认不讳，并在《违约（章）、窃电通知书》上签了字。查处后，通过核实该村平均电量，对该村电工处理补收电费及违约使用电费 5000 元。

案例分析：

这是属于"改变电压窃电"。即失压窃电，虚接电压线，即将电压线芯线揉断或采用电容分压。当营业普查时发现"配变电量下降幅度较大"，马上启动"违约用电及窃电查处流程"，行动快速、到位，是查获"违约用电及窃电证据"的前提。计量箱封印是用电检查的重点，很多通过改变计量装置接线进行窃电的行为都伴有对计量箱封印的破坏。

[案例二]　高压计量装置中改变互感器变比窃电

2008 年 10 月份，检查人员去×××大酒店服务有限公司进行用电检查，该户是高压计量装置，现场测量电表二次接线正确，用高压变比测试仪核对高低压变比与计费变比不一致，实测变比正好是计费变比的 2 倍，检查人员又察看了电流互感器的铭牌是75/5，与计费变比是一致的。该公司负责人到达现场后，检查人员就对电流二次引线进行了仔细检查，发现在电流二次引线线束处有短接线，随后对现场情况进行了录像、拍照取证，该用户对窃电事实认可。

处理情况：追补电费 8.5 万，司法部门罚款 1 万，判 2 缓 3。

案例分析：

用户对电流回路二次分流窃电，当分流正好是一半时，容易造成错误的判断，误认为是电流互感器变比错误，这样会延误查处窃电证据的时机，甚至会失去窃电的有力证据。因为有些窃电证据容易拆除，所以在检查取证时，一定要用户人员在场进行，并对检查结果、证据确认。

[案例三]　电能表相线与中性线对调窃电

2004 年 3 月 24 日，用电检查班在对街道门店用电情况进行检查时，发现××镇天府东路"红草莓"面包房的电能表不计量，但该面包房的工作设备却在正常运作。这引起了用电检查人员的注意，通过对该面包房进行检查，发现该店电能表相线与中性线已对调，有一根外接中性线接入了负载，此外接中性线通过卫生间自来水管直接接地，由于相线电流没有通过电流线圈，又使用了外接中性线，造成电能表不计量，检查人员查证后立即取证，请公安部门配合，将店主郝某带回审讯。通过审讯，郝某承认了窃电事实，并如数将补收电费及违约使用电费 1 万元交纳。

案例分析：

这是通过改变电能表的结构或接线方式来进行窃电。"用检"人员在进行用电检查作业时，不单要检查计量装置的接线，还要注意电能表的运行情况，可参考电能表的"电能表常数"来分析，或用"瓦秒法"帮助判断。取证时有公安部门的配合将事半功倍。

[案例四]　利用强磁场影响电能表机械部件的窃电

2008 年 8 月份，公司检查人员与公安局特派员去市区建办×××居民委员会第一组进行用电检查，发现该用户电能表脉冲指示灯闪得很快，而电表计数器不上字。检查人员对计量箱进行了仔细察看，发现电表计数器上方放有一块强磁铁，把该磁铁拿掉后，电表恢复正常计数。现场进行了录像、拍照取证，该用户对窃电事实签字认可，补交电费和违约使用电费 2 万元。

案例分析：

该电能表是三相四线电子式字轮计数器的电能表，把强磁铁放在电能表计数器的正上方，该电能表的计数器就不上字。用电检查人员在进行用电检查作业时，不单要检查计量装置的接线，还要注意电能表的运行情况，可以通过电能表脉冲指示灯闪的快慢，与电能表计数器读数对比来判断电能表的运行情况。

〔案例五〕改装电能表的窃电

2008 年 3 月份，公司检查人员与××区刑警队联合去××村进行用电检查，在检查××村 1 号变 1 号配电箱 8 排 1 号箱时，发现表箱内电能表电流很大，而电能表脉冲指示灯明显很慢，经仔细检查发现该表箱内电能表表体铅封大多有破坏的嫌疑，表箱内共安装了 18 块电能表，当时，有个别用户没有用电，无法使用现场校验仪校验表计误差，在公安局人员在现场的情况下，把电能表全部拆回室内校验，结果有 16 块电能表误差都在−30％以上，有的误差达到了−90％以上，打开这些电能表发现内部都焊接了短接线分流，致使电能表变慢。经过调查这些窃电户：街上有流动收费改装电能表的，他们交一定的费用后，就把电能表给改慢了。目前，公安机关已将改装电能表的人抓获。

案例分析：

此案例可以看出，窃电行为具有传染性，辐射影响大，窃电由过去的个人行为发展到现在单位的、集体的行为，甚至发展到了职业化、区域化窃电。城区内村庄最具代表性，他们在"走亲访友"时谈论最多的话题就是如何窃电，并且相互传授窃电的方法和经验，购买或自制窃电工器具，甚至有些以窃电为职业牟取利益，给社会和电力企业造成了巨大的损失和影响。

〔案例六〕发现改变接线窃电后的追补电量计算

某厂一套高供高计两元件有功电能计量装置，双月抄表，原抄读数为 3000，两个月后抄读数为 1000，电流互感器变比 K_U 为 100/5，电压互感器变比 K_I 为 6000/100，已知该错误接线时的功率表达式为 $P_{it} = U_1 I_1 (-\sqrt{3}\cos\phi + \sin\phi)$，平均功率因数为 0.9（滞后），求该用户这两个月来实际消耗的电能量。

案例分析：

分析可知计度器字轮在倒转。

先求更正系数，因为 $\phi = \arccos 0.9 = 25.84°$

得

$$G_X = \frac{P}{P_{it}} = \frac{\sqrt{3}U_1 I_1 \cos\phi}{U_1 I_1 (-\sqrt{3}\cos\phi + \sin\phi)} = \frac{\sqrt{3}}{-\sqrt{3} + \tan\phi} = \frac{1.732}{-1.732 + \tan 25.84°} = -1.388$$

又：抄见电量为 $W_{计} = 1000 - 3000 = -2000$（kWh）

两个月的实际消耗的电量为

$$W = W_{计} G_X K_U K_I = (-2000)(-1.388) \times \frac{100}{5} \times \frac{6000}{100} = 3\ 331\ 200 (kWh)$$

两个月实际消耗 3 331 200kWh 电量。

[案例七] 违约用电、窃电的行为判定和追补电费计算

某一电力用户，用电计量电流互感器变比 50/5，在 3 月 1 日该用户私自购买三只 75/5 的电流互感器更换了计量电流互感器，并将原互感器的铭牌取下订到新买的互感器上，在当年的 5 月 31 日被用电检查人员发现，请问用户的这种行为属于什么行为？应如何处理？（经调查，这期间计量装置抄见电量为 8000kWh，平均电价为 0.60 元/kWh）

案例分析：

根据《电力供应与使用条例》，用户的这种行为属于既有违约用电又有窃电的行为。分别构成第 30 条的第五款：擅自更动供电企业的电能计量装置；另构成第 31 条的第五款故意使供电企业用电计量装置不准或失效。

用户擅自更动供电企业的电能计量装置，属于违约用电，应承担 5000 元的违约使用电费。

更换电流互感器，故意使供电企业的计量装置不准，产生误差，属于窃电行为，应按所窃电量补交电费，并承担补交电费三倍的违约使用电费。

追补电费：

$$(8000/50 \times 75 - 8000) \times 0.6 = 2400 (元)$$

追补违约使用电费为：

$$2400\ 元 \times 3 = 7200 (元)$$

违约用电处理合计：5000 元，并拆除私接自购的三只 75/5 电流互感器，将原互感器更换回去。

窃电处理合计：

$$2400 + 7200 = 9600 (元)$$

[案例八] 违约用电、窃电的行为判定和处理

某机械厂，0.4kV 供电，装有三相四线电能表和单相电能表各一只，分别计量动力用电和照明用电，在 2008 年 12 月 12 日用电稽查时发现有一幢办公室的容量为 8kW 的照明设备接入职工生活表内用电并有容量为 5kW 的电动机 2 台绕越计量电能表接线用电，何时接入及使用时间用户已无法讲清，供电部门应如何处理？（电价按现行电价标准）

案例分析：

根据《电力供应与使用条例》，该户既存在违约用电，又存在窃电的行为。分别构成第 30 条的第一款擅自改变用电类别，又构成第 31 条的第二款：绕越供电企业用电计

量装置用电。根据《供电营业规则》第 100、102、103 条处理如下：

违约用电处理：

$$追补电费＝(0.813－0.5283)×8×6×3×30＝1229.9(元)$$

$$追补违约使用电费＝1229.9×2＝2459.81(元)$$

违约用电处理合计：3689.71 元。并拆除私接的 8kW 照明设备，如继续使用接入到照明表内照明表容量不够，办理增容。

窃电处理：

$$追补电费＝5×2×12×6×30×0.813＝17\ 560.8(元)$$

$$追补违约使用电费＝17\ 560.8×3＝52\ 682.4(元)$$

窃电处理合计：70 243.2 元，并拆除私接电动机两台，如继续使用应接入动力表内，容量不够按增容办理。供电企业对查获的窃电者，可当场中止供电，拒绝承担窃电责任的，供电企业应报请电力管理部门依法处理。窃电数额较大情节严重的，供电企业应提请司法机关依法追究其刑事责任。

工作单见表 7-2～表 7-5。

表 7-2　　　　　×　×　供　电　局
低压客户用电检查工作单

工作单号		户号		户名			
地址				合同容量		用户状态	
主供线路				联系人		联系电话	
电　源　信　息								

电源号	类型	线路电压	电源容量	线路	T接电杆号	供电方式	进户方式	敷设方式
1	低压电源					公变供电		

计　量　点　信　息								

计量点	计量方式	力率标准	上月力率	目录电价	资产编号	TA	TV	总倍率
1								

计　量　点　检　测　记　录						

计量点	有功止码	现场止码	无功止码	现场止码	一次电流（A）	二次电流（A）
1					A（　）B（　）C（　）	A（　）B（　）C（　）

检　查　内　容	

检查项目	检　查　结　果
表箱	
违约用电情况	
封印编号	
计量装置	

续表

检查项目	检 查 结 果
低压线路	
无功补偿装置	
限流开关	
其他	
检查结论	
备注：	

客户代表： 年 月 日 检查人员： 年 月 日

表7-3 现场工作安全技术交底登记表（用检）

现场作业单位、项目名称、地点、时间、范围			
编制人：		审定人：	
现场安全技术交底内容			
1.认真检查现场环境，做好工作前的准备；			
2.工作时穿棉质工作服，戴安全帽，穿绝缘工作鞋；			
3.工具检查合格，所有工具（如螺丝刀）金属裸露部分须用绝缘胶布包好；			
4.检查前认真核对用户户号、地址、电表编号、开关、用户性质；			
5.短接电流互感器二次绕组时，必须有专人监护，必须断开接线盒ABC三相电压连片，短接电流连片；			
6.使用仪表时，一人操作，一人监护，测量前监护人再次确认档位，站在绝缘垫上，保持足够的安全距离；			
7.检查运行中电流互感器铭牌、倍率时防止误碰220/380V母线或互感器二次电流线；			
8.工作完毕后清理现场，检查是否遗漏工具；			
9.注意交通安全，防止疲劳驾驶发生交通事故。			
交底现场地点名称		交底人签名及交底时间	
被交底人签名			
备注			

表 7-4 　　　　　　　　　　　　　　　　××供电局
　　　　　　　　　　　　　客户用电检查整改通知单

　　××GD/×××-××-×××

| 计费号： | 客户名称： | |
| 用电地址： | 联系人： | 电话： |

经检查贵单位在安全方面存在问题如下：

检查员：　　　　　　　　　　　　　　客户签收人：

签发时间：　年　月　日　　　　　　　签收日期：　年　月　日

复查结果：

复查员：　　　　　　　　　　　　　　复查日期：　年　月　日

签发单位：××供电局

表7-5

××供电局
客户违约违章用电处理通知书

编号：

户号：	户号		户名	营业区
户名：	序号	违章用电类别	相应处理规定	
联系人：	1	在电价低的供电线路上，擅自接用电价高的用电设备或私自改变用电类别	补交其差额电费，并承担两倍差额电费的违约使用电费	说明： （1）以上处理规定的法律、法规的依据是《中华人民共和国电力法》及国务院发布的《电力供应与使用条例》等 （2）受到本通知书后请于___天内到办理有关手续，逾期不办则按照国家规定的程序停止供电
电话：	2	私自超过合同约定的容量用电	（1）两部制电价的用户：补交私增设备容量使用月数的基本电费，并承担3倍私增容量基本电费的违约使用电费 （2）其他用户：应承担私增容量每千瓦（千伏安）50元的违约使用电费	
用电地址：	3	擅自使用已在供电企业办理停电手续的电力设备或启用供电企业封存的电力设备	（1）两部制电价的用户：应补交擅自或启用设备容量和使用月数的基本电费，并承担2倍补交电费的违约使用电费 （2）其他用户：应承担擅自使用或启用封存设备容量每千瓦（千伏安）30元的违约使用电费	
容量：	4	私自迁移、更改或擅自操作供电企业的用电计量装置、电力负荷管理装置、供电设施以及约定由供电企业调度的用户受电设备的	（1）居民用户的，应承担每次500元的违约使用 （2）其他用户的，应承担每次5000元的违约使用电费	检查单位： （盖章）
违章用电类别： 限期期限___天	5	未经供电企业同意，擅自引入电源或将备用电源和其他电源私自并网的	应承担其引入或并网电源容量每千瓦（千伏安）500元的违约使用电费	检查员：
签收单位：（盖章） 签收人：年 月 日	6	擅自向外转供电的	应承担其擅自转供电容量每千瓦（千伏安）500元的违约使用电费	
检查员： 年 月 日	7	窃电行为包括以下几项： （1）在供电企业的供电设施上擅自接线用电 （2）绕越供电企业用电计量装置用电 （3）伪造或开启供电企业加封的用电计量装置封印用电 （4）故意损坏供电企业用电计量装置 （5）故意使供电企业用电计量装置不准或失效 （6）采用其他方法窃电	供电企业对查获的窃电者，可当场中止供电；窃电者应按所窃电量补交电费并承担补交电费3倍的违约使用电费；窃电数额较大或情节严重的，应提请司法机关依法追究刑事责任	日期： 年 月 日

🌑 思 考 题

1. 三相三线两元件电能表适用于何种供电电路作为电能计量来用?

2. 如何区分违约用电和窃电?

3. 发现违约用电或窃电时,取证的方法和内容有哪些?

4. 什么是电能计量更正系数?

5. 防治窃电的技术措施是什么?

第八章 客户电气事故调查

事故调查必须按照实事求是、尊重科学的原则，及时、准确地查清事故原因，查明事故性质和责任，总结事故教训，提出整改措施，并对事故责任者提出处理意见。做到"四不放过"，即：事故（事件）原因未查清楚不放过；责任人未处理不放过、整改措施未落实不放过、有关人员未受到教育不放过。

第一节 客户电气事故调查概述

一、客户电气事故调查基本概念

电力安全事故是指电力生产或者电网运行过程中发生的，影响电力系统安全稳定运行或者影响电力正常供应的事故（包括热电厂发生的影响热力正常供应的事故）。

客户电气事故调查是指因客户的电气设备故障、误操作或其他原因引起供电部门电网线路停电或异常运行、线路设备损坏或在停电期间向电力系统倒送电事故时，供电企业组织用电检查人员对客户事故进行调查、分析和处理的工作。

客户电气事故调查，应依据《供电营业规则》、《电业生产事故调查规程》、《电业安全工作规程》等，对事故发生现场进行收集、分析、判断，最后确认事故发生单位概况和事故发生经过；事故造成的直接经济损失和事故对电网运行、电力（热力）正常供应的影响情况；事故发生的原因和事故性质；事故应急处置和恢复电力生产、电网运行的情况；事故责任认定和对事故责任单位、责任人的处理建议；事故防范和整改措施。

二、客户电气事故调查引用的规范性文件

《中华人民共和国电力法》（中华人民共和国主席令第 60 号）

《电力供应与使用条例》（中华人民共和国国务院令第 196 号）

《供电营业规则》（中华人民共和国电力工业部令第 8 号）

《用电检查技术标准汇编》

《电业生产事故调查规程》（DL 558—94）

《电气设备预防性试验规程》（DL/T 596—61）

《电业安全工作规程》（DL 409—91）

《广东电网公司电力营销管理规范（试行）》

《电力营销业务法律指引》

第二节　客户电气事故原因及种类

一、客户电气事故种类

客户的电气事故主要有以下几种常见类型：

（1）人身触电伤亡事故：是指用户电气设备或用电线路因绝缘破坏或其他原因造成的人身触电伤亡事故。

（2）导致电力系统跳闸事故：由于用户内部发生的电气事故引起了其他用户的停电或引起电力系统波动而造成大量减负荷的事故。

（3）专线掉闸或全厂停电事故：由于用户内部事故的原因，造成其专用线路跳闸和其全厂停电而使生产停顿的事故。

（4）电气火灾事故：用户生产场所因电气设备或线路故障引起火灾，造成直接损失在 6000 元及以上者列为电气火灾事故。

（5）重要或大型电气设备损坏事故：用户内部因使用、维护操作不当等原因造成一次受电电压的主要设备损坏（如主变压器、重要的高压电动机、一次变电站的高压变配电设备）的事故。

二、客户电气事故中人为因素分析

客户电气失误造成的原因有很多，但人为因素占很大一个比例。人为因素产生的原因分析如下：

（一）人的心态失误

在大多数的客户电气误操作事故中，客户电气运行操作人员误操作行为的产生与以下几种心态有关。

（1）麻痹心态。麻痹心态是一种最易引发误操作事故的不安全心理因素。主要表现为缺乏良好的工作激情和主人翁责任感、安全意识差、思想松懈、麻痹大意或仅凭"老经验"办事。

（2）浮躁心态。浮躁心态主要是由于生理或心理以及外界因素干扰而引起情绪不稳，导致行为慌乱不定，不集中精力全身心投入工作，从而躁中出错。

例：××年某研究所（双电源）全站停电检修，因各部门催促早点送电，检修完毕，值班人员着急送电，慌乱中未关高压柜门（有五防），硬合隔离开关，造成机构损害，虽未造成事故，但教训足以引起我们重视。

（3）轻率心理。由于一些客户电气运行人员对违章的危害性缺乏正确的认识，对一些没有造成一定后果的"三违"行为，大事化小，小事化了，或轻描淡写的一罚了事，使违章者没有切肤之痛，对其他人也没有教育作用，从而滋生了一种违章也没啥了不起的轻率心理。

（4）侥幸心态。因为并不是每次违章都会导致事故，使得一些客户运行人员存在侥幸心理，以致明知自己的行为是违章，但仍要碰一碰"运气"。

例：某机械加工厂变电室值班人员郭某由于以前违规操作未酿成事故，存在侥幸心理，结果在一次操作中未按操作票顺序执行，两项操作中跳项操作，造成误操作事故。

（5）懒惰心理。工作图省事，怕麻烦，总想抄近道，走捷径，视规章制度如同虚设，如运行巡检不到位、不及时，发现问题不能及时处理而酿成大事故。

（6）错觉心态。这是一种特殊的心理表现。主要表现为下意识，即在无主观意识的情况下操作。

（二）人的行为失误

人的行为失误属知识技能型失误，其中包括知识技能型失误、知识型失误、规则型失误。

客户电气操作人员必须依靠自己的知识、经验对操作中的问题进行分析、判断，制定对策，由于其接受培训不够或经验不足、知识不够而造成的失误，称为知识技能型失误。

知识型失误是指客户电气操作人员由于本身知识不足而产生的失误。

客户电气运行操作人员对安全规程和操作规则理解错误而产生的失误称为规则型失误。这种失误主要是在刚进入电气运行专业的新人身上发生。

（三）人的记忆失误

电气操作中许多工作内容包含着大量的记忆部分，操作人员必须记住各项操作顺序、设备名称、设备编号、动作要领和安全事项。电气运行操作人员如果严格按工作票和规程操作，就能在很大程度上避免事故的发生。可在实际操作过程中，由于各种因素的影响，操作人员有时不按票操作，从而产生了记忆失误。

在大多数情况下，如果操作者完全遗忘操作顺序和规程，发生事故的可能性并不大。因为这时整个操作作业将中止。如果操作者出现部分记忆错误，操作者会不知不觉地进行错误或危险的操作，导致意外事故发生。

这种错误对于熟练的电气操作人员的危害比较大，因为他们的操作动作已经形成程式化，而不像新手那样经常有意识地检查自己的操作动作和规程。

（四）人的疲劳失误

疲劳也是客户电气误操作事故发生的一个重要原因。

由于客户电气运行人员执行的工作制度的轮班作业，许多值班人员常因睡眠质量不高及环境因素的影响进入疲劳状态，这时他们会漏检信号，较难发觉事故，发生异常不能迅速采取对策而酿成事故。

（五）客户用电安全认识不足

部分客户电工未持有电工进网作业许可证；对自身管辖的电力设备安全用电意识淡薄，对配电设备没有定期检查和进行预防性试验，甚至带病运行。

三、客户电气事故中其他因素分析

（一）规章制度

某些规章制度具有一定的局限性。它只能对一个作业过程（如倒闸操作）做程序的、形式的规范和约定，而难以对这个作业过程所有步骤或环节的效果与质量进行控制。比如，操作票制度规定运行人员写票后必须进行审票，却难以保证审票人就一定能审出问题来。

目前用以防止误操作的各项规章制度还远未达到疏而不漏和尽善尽美的程度。比如，操作任务或操作票的誊抄（实践证明，这种誊抄是极易产生错漏的）；操作中断或间断的处理；验收或试验操作等，至今均无严格的规范可循。

由于以上因素的存在，以规章制度为核心的组织措施与专业规范的作用效果是不确定的。

（二）防范操作技术措施的局限性

以防误操作闭锁装置为代表的技术措施其效能和作用，较少受各种可变因素的影响，在正常工作状态下具有相对恒定的作用效果。特别是它能从物理意义上阻止某些危险因素转变为相应的事故，具有直接和强制的作用能力。但是防误装置也不可避免地存在一些局限性、缺陷，甚至负面效应。对此必须有清醒的认识。

目前已有的各种防误闭锁装置在功能及作用范围上均具有较大的局限性。例：机械程序闭锁装置仅适用于简单电气接线，电磁闭锁装置必须通过电动操作回路发挥作用，微机闭锁装置不具备二次操作闭锁功能等。这些在作用效果上存在一定的死区或盲区。

目前已经使用的各种防误操作闭锁装置在功能、质量、适用性、可靠性等方面还远远不够完善，难免存在一些缺陷和问题，使其某种情况下限制甚至丧失其闭锁功能。和所有机械或电气的装置一样，防误操作闭锁装置同样存在故障概率、维修需求或使用寿命、老化失效等问题，反映为一定的停用概率。

由于装置本身存在的某些缺陷、使用不当，或设计上的不合理，在一定的条件下会产生一些负面效应，甚至成为新的误操作危险因素而导致严重后果。例：机械程序锁因锈蚀而打不开，以至操作人员常常不得不将其砸开。一旦操作人员走错间隔就有可能误认为"锁不好"而引发误操作。

又如，一些微机防误闭锁装置有提示、显示、语音、操作引导等功能，从而可能产生操作人员对装置的依赖，久而久之使操作人员习惯于"跟着机器走"，而削弱规章制度的作用。

（三）法律责任意识和压力不强

目前，国内从事生产运行的人员法律责任意识不强，关键是我国安全生产责任事故的法律责任追究不健全，违反安全条例、规程、制度（例如误操作）造成的重大损失，是逐级追究责任，这样造成各类人员（例如操作人员）个人责任压力不大，这也是误操作事故频发的一个重要原因。

四、防止客户电气误操作的对策

（一）人的因素

加强安全文化教育，倡导安全文化。目的就是通过宣传、教育，最深刻地影响人的思想、观念和行为。安全文化教育可使人的安全素质不断提高，建立科学的思维方法。

用电检查部门应积极和客户电气主管部门配合，对客户电气运行人员加强安全文化教育，举行各种形式的安全活动，增强安全意识。尽量做到使每一个电气运行人员都认识到误操作对单位和对自己可能造成的危害。营造一个"正确操作光荣、误操作可耻"的良好安全氛围。

提高技术业务素质，加大培训工作力度。提高客户运行人员的技术业务素质，是防止客户电气误操作的基础。

用电检查部门应针对各客户电气运行人员的现状，与客户电气主管部门配合，采取多种形式的教育和培训方法。经常组织运行人员学习有关变电运行方面的理论知识，并不定期地进行考试。经动合展岗位练兵活动，如举行反事故演习、事故预想、操作表演、技术抢答赛、填写工作票比赛等，以此提高运行人员处理事故和异常的应变能力。

还比如，请具有实际运行经验的老师傅与年轻的运行人员进行交流等；另一方面，结合客户电工的发证培训及年检，请专家对客户电气运行人员进行集中授课，尤其是现场操作的培训。

再者，对新分配来的运行人员，用电检查部门应督促客户电气主管部门不论其学历高低，一律签订师徒合同，在运行岗位上从同一起点开始严格培训，来提高运行人员的实际操作水平。

掌握生理、心理调节的科学方法。客户电气操作人员要遵守作业节律，保持适中的工作节奏，做到"消耗有度，补充有方"，防止各种疲劳，对生活中的不愉快和意外打击，要能及时疏导、转移，唤起对工作的兴趣、荣誉感和责任心，保持积极良好的工作情绪和心理健康。重复工作中要防止因单调而陷入困倦。

（二）在管理工作上

（1）制定完善倒闸操作的现场管理制度。每个客户配电房在设备的容量、设备的主接线、设备的健康状态、二次回路的复杂程度、人员素质情况等方面都有自己的特点。

各客户配电房应根据这些特点，制定相应的现场倒闸操作管理制度。这种制度应细化，如哪些项目在检修后必须检查；哪些项目在一般操作送电时只可做外观检查；交流回路和直流回路的切换；公共部分的处理；主变送电的有关规定；旁路开关代线路开关运行的操作要求；在倒闸操作过程中操作部分的处理办法；二次回路定值调整等，均应有各自的明确规定，否则客户电气操作人员难以掌握。

尤其需要强调的是要建立健全电气钥匙的管理规定，加强电气钥匙的管理和使用。因客户电气运行人员对电气专用钥匙认识不足，管理不严，制度未落到实处，客户电气误操作事故时有发生，所以加强电气钥匙的管理，提高对电气专用钥匙的认识，这也是防止客户误操作事故的重要措施之一。

（2）有了完善的制度，还要认真严格执行运行操作的"两票三制"和"六要十二步"等规定。

客户电气运行操作人员工作前必须检查其准备工作是否做好，验证标志牌与工作票是否相符，实际操作前，应进行操作后果及风险的再分析，进行操作时，要严格监护，仔细监测系统的反应。

对有条件的部门，应分别制定分专业（包括电气、热机、仪控）的电气警告牌。如在一个设备上的第一张工作票开工时，挂上对应专业的警告牌，并在警告牌上贴上写有具体工作内容、工作负责人、许可时间、警告牌编号的贴纸。第二张工作票开工时，若安排内容相同，则选用本工作票所属专业的电气警告牌，同样将上述内容的贴纸贴在警告牌上。在工作票终结恢复安措时，只需将跟自己工作内容相关的警告牌取回，并将警告牌上的贴纸撕回贴在运行联工作票上。

用电检查部门应按周期加强对客户变电站（室）的检查，尤其是倒闸操作票倒闸操作制度的检查，并帮助客户制定和完善相应的制度和措施。

（3）用电检查部门应指导客户大力发展反习惯性违章活动，教育客户电气运行人员认识到"好习惯价值无限，坏习惯危害无穷"。同时指导和协助客户电气主管部门加强对习惯性违章检查，明确考核，促进良好工作习惯和作风的树立。

（三）在安全技术上

（1）用电检查部门应指导协助客户，对需要改造加装的防误装置，列入安全技术的改造（改进）计划。在资金和现场条件允许的情况下对落后的"五防"装置及无"五防"装置的电气设备进行改造和加装。完善"五防"装置，并健全钥匙管理制度，加强钥匙管理。对确实无能力进行改造电气设备的客户，用电检查部门应协助客户对现有电气设备进行小的改进，如在开关柜后门板进行开孔，以便于运行人员可直接窥视确认其接地开关已拉开或合上。对升压站的低压电抗器操作闸刀和接地开关之间增装电子防误装置等。从技术上减少电气误操作事故的发生。

（2）用电检查部门应督促和协助客户按周期对其电气设备进行预防性试验和继电保护年校，掌握客户电气设备绝缘状态，"五防"装置的健康水平，对通过试验检查出有缺陷的防误装置在未消除缺陷之前，要求客户不得投入运行。

第三节 客户电气事故调查流程和基本原则

一、客户电气事故调查流程

作为用检人员，须参与电气事故的调查，其作业流程如图8-1所示。

二、调查程序和步骤

客户电气事故调查应遵循一定的程序，其步骤和要点如下。

（一）收到客户事故信息后，业务受理员应尽可能详细了解发生事故的客户的用电地址、联系人和联系电话、开始时间、事故范围等现场情况。

（二）业务受理员应在电力营销系统中创建《用电检查工作单》，并根据事故信息迅速组织合适的用电检查人员开展查处工作。现场检查人员不得少于两人，并应指定经验较为丰富的、沟通能力较强的检查人员担任工作负责人。工单签发人签发用电检查工作单，并交代现场注意事项。

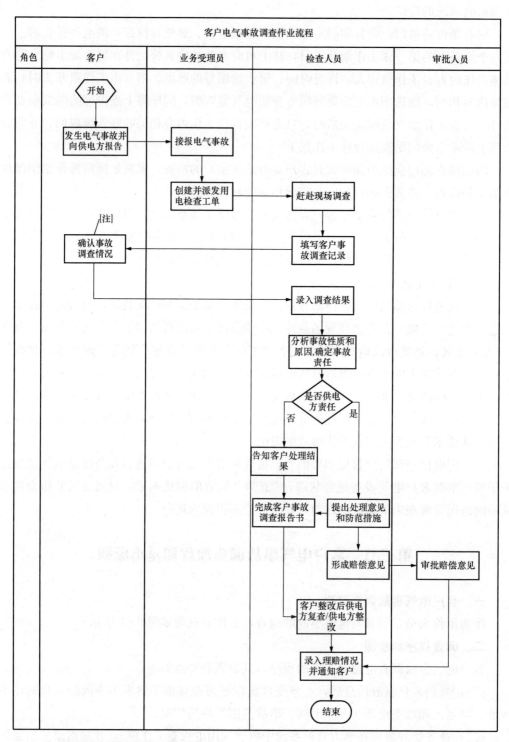

图 8-1 事故调查流程图

（三）现场调查

（1）用电检查员到达现场后，应向客户说明来意，并主动出示《用电检查证》。

（2）业务受理员在接到客户事故的报告后，应组织有关人员会同供电企业安监部门立即到事故现场进行调查，做好事故现场的保护，协助供电企业安监部门对事故进行调查分析。对造成较大的经济损失或发生人身伤亡的客户事故应立即通知当地安监部门处理。

（3）要求客户派员随同配合检查。

（4）开展现场调查询问。

1）听取当值人员或目睹者介绍事故经过。

2）按先后顺序仔细记录有关事故发生的情况。

3）对照现场判断当事者的介绍与现场情况是否相吻合，不符之处应反复询问、查实。

（5）当事故整个情况基本清楚后，再根据事故情况进行现场调查。

（6）严格按照《供电营业规则》、《电业生产事故调查规程》、《用电检查管理办法》等相关规定开展现场设备检查和处理。

（7）用电检查人员应认真查勘现场，对未经调查和记录的事故现场，不得任意变动，及时做好人证、物证的收集，并对事故现场进行必要的拍照、录像取证存档。同时要求客户配合做好事故现场的保护。

（8）调阅事故发生时的现场监控录像、录音、故障录波图，必要时应查阅设计、制造、施工安装、调试等资料。

（9）检查保护装置、自动装置、指示仪表的动作情况，记录各开关整定电流、时间及熔断器熔断的情况，判断继电保护装置是否正确动作，从故障电流的大小及设备的损坏程度，初步判断故障的性质。

（10）查阅客户发生事故时的有关资料，如天气、温度、运行方式、负荷电流、运行电压、频率及其他有关记录；查阅和询问事故发生时现场情况及现象，如声、光、味、震动等。

（11）查阅事故设备及与事故设备有关的保护设备（如继电器、操作电源、操动机构、避雷器和接地装置等）的有关历史资料，如设备试验记录、缺陷记录和检修调整记录等。

（12）检查事故设备的损坏部位及损坏程度，初步判断事故起因；对于误操作事故，应检查事故现场与当事人的口述情况是否相符，并检查工作票、操作票的填写和执行是否正确，从中找出误操作事故的原因。

（四）填写客户事故调查记录

应及时做好现场调查记录，并严格按照《电业生产事故调查规程》的要求对一项调查内容进行客观、真实的记录，并填写好《客户事故情况记录表》。要求填写规范，清晰，明确。

（五）确认事故调查情况

用电检查人员应与客户双方签字确认事故调查情况。

（六）录入调查结果

将经客户确认的事故调查情况及相关材料存档备查。

（七）分析事故性质和原因，确定事故责任

（1）用电检查人员在完成事故现场检查后，应将收集到的有关资料进行汇总整理，然后组织有关人员召开客户电气事故分析会，会议须完成以下工作：

1）事故过程和人员伤亡情况、设备损坏情况、经济损失情况。

2）查明事故原因、事故发展和扩大的原因。

3）确定事故的类型、性质和责任。

4）做好会议记录和会议签到。

（2）用电检查人员应根据现场调查的实际情况对事故的性质，事故的原因和事故的责任进行客观公正的分析。事故原因和责任分析应严格按照《电力法》、《供用电营业规则》等有关法规及公司与客户签订的《供用电合同》、《安全用电责任书》进行事故原因和责任分析。

（八）判定是否供电方责任

应综合现场检查情况及相关资料确定事故责任人，作为用电检查人员应：

（1）确认《供用电合同》内容，对产权分界点、原有设计图纸等进行核对。

（2）根据现场检查情况判断客户是否有违约情况，如有违约用电，启动违约用电、窃电处理流程。

（九）告知客户处理结果

告知客户处理结果，包括事故原因，赔偿安排等。由客户原因引起电气事故（用电方或第三方），并造成供电企业损失，按《供电营业规则》进行处理；如果引发其他投诉，转其他部门处理。

（十）提出事故处理意见和防范措施

根据客户电气事故分析会确定性质和责任，如果是由供电方原因引起电气事故的，用电检查员应提出事故处理意见和防范措施，以避免类似事故的再次发生。

（十一）完成客户事故调查报告书

（1）用电检查员根据现场调查记录和客户电气事故分析会上的调查分析结果，形成事故调查报告。事故调查报告应包括以下内容：

1）客户的用电基本信息、用电设备和客户电工的基本信息。

2）客户电气设备的预防性试验信息。

3）事故发生原因、事故扩大原因和事故经过。

4）事故造成的人员伤亡、设备损坏情况和经济损失状况。

5）事故的性质认定，包括设备事故、人为责任事故或第三方责任事故。

6）事故责任划分。

　　7）事故处理意见和防范措施。

　　8）事故赔偿情况（如果是供电方责任引发事故的）。

　　（2）根据事故分析会上的调查分析结果，在事故发生后 7 天内提出事故调查报告。

　　（3）事故调查报告经事故单位主管领导、当地安全监督部门和供电单位审核后上报，一式四份，一份报客户主管部门，一份报当地安全监督部门，一份报供电单位，一份客户存查。

　　（十二）客户整改后供电方复查、供电方整改

　　（1）如果是客户方责任，用电检查人员应根据事故调查报告书填写《用电检查结果通知书》通知客户限期整改及落实反事故措施。用电检查人员应督促客户限期整改。在收到客户提交的整改结果书面报告后，应尽快进行整改检查，对应事故调查报告提出的整改措施进行检查和验收，并做好检查记录。

　　（2）如果是供电方责任，应将整改措施和防范措施转至相关部门，并敦促其整改。

　　（十三）形成赔偿意见

　　供电企业根据事故责任形成赔偿处理意见，通常有以下两种情况：

　　（1）因客户原因造成电力系统设备损坏，电力系统异常运行而对其他客户少送或造成损害的，用电检查人员应根据收集的相关证据对造成的损失进行评估，形成评估结果，提出索赔意见。

　　（2）对供电企业不负赔偿责任的，应及时告知客户事故原因及不赔偿理由，并协调相关矛盾和事宜。

　　（十四）审批赔偿意见

　　应严格根据相关规定对事故调查报告和赔偿、索赔处理意见进行审批。

　　（十五）资料归档

　　用电检查人员应及时将客户事故处理的相关资料汇总整理，按照要求归档，并将资料实体交档案管理员处理，进入用电档案管理流程。

　　三、事故调查工作的危险点分析及预控措施

　　（一）事故调查危险点分析

　　事故调查危险点常见的危险点有：

　　（1）现场安全。

　　（2）麻痹、违章、触碰其他带电设备。

　　（3）徇私舞弊，以电谋私。

　　（4）客户破坏检查现场证据。

　　（5）用电检查人员与客户发生冲突。

　　（6）参与事故处理的人员未具备相应的用电检查资格证。

　　（7）发生交通事故。

　　（8）狗咬、蛇伤、蜂蜇。

　　（9）进入检查现场前，未进行安全技术交底。

（10）替代客户进行电工作业。

（11）客户拒绝进行整改或逾期未整改。

（二）预控措施

针对事故调查的危险点，可采用的预控措施有：

（1）用电检查前，戴好安全帽，穿好工作服，确保工器具合格无安全隐患。

（2）在现场进行用电检查时应注意观察好作业环境，保持安全距离。

（3）异常情况处理：当出现客户抵制检查时，用电检查员应立即返回向上级领导汇报。

（4）对于在现场检查发现的问题要及时进行拍照，并保护好现场证据。

（5）用电检查人员要充分注意自身安全，进入施工现场要严格遵守《电业安全工作规程》的相关规定与要求。

（6）用电检查人员协助客户对事故情况按照对事故"四不放过"的原则（事故原因不清楚不放过，事故责任者和应受教育者没有受到教育不放过，没有采取防范措施不放过，事故责任没有受到处罚不放过）开展事故调查工作。

（7）所有参加用检工作的人员必须取得相应的用电检查资格，并熟悉与供用电业务有关的法律、法规、方针、政策、技术标准。

（8）严格遵守交通法规及各级交通安全管理规定、车辆使用管理规定。

（9）发现狗、蛇、蜂窝时注意躲避，必要时持棒而行，不要触碰蜂窝；带备治疗狗咬、蛇伤、蜂蜇的药品。

（10）进行现场检查前，必须进行双方的安全技术交底后方可展开检查工作：

1）客户方陪检人员对检查小组进行检查现场的安全技术交底。

2）检查小组工作负责人根据检查任务对小组成员、客户方陪检人员做好安全技术交底，并加强监护。

（11）不得在检查现场替代客户进行电工作业。

（12）用检人员应严格监督客户落实整改措施和反事故措施，必要时请安全监督部门或客户单位的上级主管部门提供协助。

（13）用电检查员在事故调查处理时遇有难点、疑点，应及时汇报，协调解决。

第四节　客户电气事故调查的方法和事故处理

一、客户电气事故处理的总体原则

客户电气事故处理的原则同样适用"四不放过"原则，即事故（事件）原因未查清楚不放过；责任人未处理不放过、整改措施未落实不放过、有关人员未受到教育不放过。

二、客户电气事故处理的一般原则和应急措施

对客户电气事故，我们应采取实事求是、尊重科学的态度，及时、准确查清楚事故

原因；分析暴露问题、查明事故性质；落实事故责任、提出整改措施；最后提出对事故责任者的处理意见，这就是处理事故的一般原则。

而一旦发生了客户电气事故，在事故调查前还应采取相关的应急措施，常见的应急措施有：

（1）尽快限制事故的发展，消除事故根源，并解除对人身和设备的危险。

（2）用一切可能的方法保持设备继续运行，以保证对用户的正常供电。

（3）尽快对已停电的用户恢复供电。

（4）在处理事故时，值班人员及有关人员必须留在自己的工作岗位上，尽力设法保持所负责的设备继续运行。当事故形势已经威胁到人身安全时，事故处理人员应选择适当的方式保护自己的人身安全。

（5）在交接班时发生事故，应立即停止交接班，交班人员应负责处理事故，接班人员协助处理，直到恢复正常运行。

（6）凡是不参加处理事故的无关人员，禁止进入发生事故的地点。

（7）发生电气事故时，值班人员必须遵照下列顺序消除事故：

1）根据事故信号和设备的状况，迅速判断事故的原因。

2）如果对人身和设备有威胁时，应立即设法解除威胁，必要时可以停止设备的运行并及时汇报。

3）迅速进行检查和试验，判明故障的性质、地点及范围。

4）对所有未受到损害的设备，保持其运行。

5）为了防止事故扩大，应主动将事故处理的每一阶段迅速报告电力调度及车间值班人员，由车间报告上级机动、生产和安全部门。

（8）处理事故时，必须迅速正确，避免事故扩大。

受令者在接受命令时，必须向发令者复诵一次；事故处理的发令者有条件时应作录音记录。听从电力调度（没有电力调度者为主管部门）命令执行后，要立即报告发令者。

（9）事故处理完后，应做好详细记录。

第五节　事故分析与报告

一、事故分析的基本材料

事故分析的基本材料包括事故报告和附件两大部分，事故报告要及时、如实、准确、完整且事故分析应与设备可靠性分析相结合，全面评价安全水平，事故调查组成员应当在事调查报告上签字。

（一）事故书面报告

事故书面报告应包括事故经过、损失情况、原因分析、暴露问题、防范措施（包括整改计划及方案、事故责任的初步分析）等内容。

（二）事故书面报告的附件

附件常作为书面报告的佐证材料，为分析和查找事故原因提供依据。主要附件有：

（1）事故现场图片。

（2）成立事故调查组的文件、签到表（职务、单位）、事故调查会议记录、会议纪要。

（3）施工作业方案、有关电气接线图。

（4）工作票、操作票、安全组织、技术措施（班前会情况、危险点分析及控制措施落实情况、安全技术交底）。

（5）有关试验报告、相关技术鉴定证明等。

（6）事故直接责任人、主要责任人的档案资料，包括用工性质、工作简历、安全教育考试情况等。

（7）事故相关人员的笔录。

二、涉及外单位的事故须提交的材料

（1）外单位总体情况、人员组成、施工技术装备、安全组织机构、安全质量体系认证情况。

（2）外单位的《营业执照》、《资质证书》、近三年的施工安全记录。

（3）项目招投标情况、工程施工合同、安全协议（合同）、安全技术交底、安全措施审查和监督情况。

（4）施工人员的资格审查情况。

三、涉及人身伤亡的事故须提交的材料

（1）伤亡人员的用工性质。

（2）医疗部门对伤亡事故人员的诊断书。

（3）物证、人证材料。

（4）体检报告。

（5）事故人员持证的状况。

（6）供电局及现场安全教育培训考试状况材料。

（7）有关安全学习情况、安全技术交底记录等。

（8）向当地有关部门（包括公安机关、安全生产监督管理部门、工会）提交的事故情况材料和配合调查处理的情况。

四、事故调查报告包括的主要内容

（1）事故发生单位概况和事故发生经过。

（2）事故造成的直接经济损失和事故对电网运行、电力（热力）正常供应的影响情况。

（3）事故发生的原因和事故性质。

（4）事故应急处置和恢复电力生产、电网运行的情况。

（5）事故责任认定和对事故责任单位、责任人的处理建议。

（6）事故防范和整改措施。

五、分析事故原因责任

（1）事故调查组在事故调查的基础上，分析并明确事故发生、扩大的直接原因和间接原因。必要时，事故调查组可委托专业技术部门进行相关计算、试验、分析。

（2）事故调查组在确认事实的基础上，分析是否人员违章、过失、违反劳动纪律、失职、渎职；安全措施是否得当；事故处理是否正确等。

（3）根据事故调查的事实，通过对直接原因和间接原因的分析，确定事故的直接责任者和领导责任者；根据其在事故发生过程中的作用，确定事故发生的主要责任者、次要责任者、事故扩大的责任者。

（4）凡事故原因分析中存在下列与事故有关的问题，确定为领导责任：

1）企业安全生产责任制不落实。

2）规程制度不健全。

3）对职工教育培训不力。

4）现场安全防护装置、个人防护用品、安全工器具不全或不合格。

5）反事故措施和安全技术劳动保护措施计划不落实。

6）同类事故重复发生。

7）违章指挥。

第六节　典型案例分析

[案例] 用户事故出门分析报告

××年3月，某用户段10kV乙线发生跳闸，重合闸不成功。供电所在接到报告后，立即组织工作人员到现场及时收集有关资料，并妥善保管，调查事故情况，分析事故原因，并最终确认事故的责任者，同时对用电客户提出整改措施。事故调查完毕后，供电部门工作人员，必须根据要求填写事故分析表格。表8-1为某供电局的事故出门分析报告表，工作人员在填写过程中，必须清楚写明事故发生的地点、时间、事故的类型（例如：是由于用电单位管理维护不当或者人为误操作等）、事故的经过及影响，同时对事故发生的原因经行分析，提出防范措施及要求整改的措施，必要时，还可在分析表上附上事故现场的图片作为依据。

表8-1　　　　　　　　　××局事故出门分析报告表

事故发生单位	××供电所	直接上级单位	××供电局
事故事件简题	××××二期临变进线电缆外力破坏	事故类型	□管理维护不当、□设备运行故障、□小动物侵入、√外力破坏、□雷击灾害、□人为误操作、□其他原因
用户名称	××××房产开发有限公司	用户编号	××××××××××

续表

事故起止时间	××年××月××日××时××分 至 ××年××月××日××时××分

事故时间发生、处置过程、停电影响的简要情况（现场情况说明及现场照片）

<table>
<tr><td rowspan="3">事件经过
及影响等</td><td colspan="5">　　××年3月31日17时37分10kV××乙线跳闸，重合不成功，确认故障原因为××路5号电缆分支箱出线后段线路之××花城二期2号杆2D开关后段线××花城二期3号及4号临时台架高压电缆被××花城二期土建施工单位挖断，影响用户2台临时变压器。该电缆为用户资产，19:07已恢复全部用户供电。
（实际还可附图片说明）
　　此次事故造成10kV××乙线全线跳闸，共影响了17个用户，影响时户数为25.5时户，缺供电量为4260kW。</td></tr>
<tr><td>个故障发生时间</td><td>到达现场时间</td><td>发现故障时间</td><td>隔离故障时间</td><td>故障修复时间</td></tr>
<tr><td>17时37分</td><td>18时35分</td><td>18时40分</td><td>18时50分</td><td>19时07分</td></tr>
<tr><td>初步原因分析</td><td colspan="5">　　××路5号电缆分支箱出线后段线路之××花城二期2号杆2D开关后段线××花城二期3号及4号临时台架高压电缆（用户资产）故障。</td></tr>
<tr><td>直接原因</td><td colspan="5">　　××花城二期2号杆2D开关后段线××花城二期3号及4号临时台架高压电缆（用户资产）被××花城二期土建施工单位进行挖土施工作业时挖伤导致接地短路。</td></tr>
<tr><td>用户事故
出门研判
（区局填写）</td><td colspan="5">利用单线图系统描述发生故障点、线路设备名称等（附单线图说明或现场照片）：

结论：
√属于用户事故出门事件　　□不属于用户事故出门事件</td></tr>
<tr><td>防范措施及
整改措施
（区局填写）</td><td colspan="5">　　1. 要求施工单位按照《电力法》以及《地下电力管线管理条例》要求，道路开挖前应与电力管理部门取得联系，确认设备位置和提出保护措施；
　　2. 加强用电检查的日常巡视工作，对施工路段加强管控；
　　3. 建立健全"黑点"档案，要求相关产权单位、施工单位签署承诺书，加强对电力设施的保护；
　　4. 完善电缆走向标示，做好警示提醒标志牌。</td></tr>
<tr><td>营业部意见
（区局填写）</td><td colspan="2">（签字）：×××

　　　　　　　年　月　日</td><td>分管领导意见
（区局填写）</td><td colspan="2">（签字）：××

　　　　　　　年　月　日</td></tr>
</table>

思 考 题

1. 客户电气事故调查的主要内容是什么？

2. 什么是"四不放过"原则？

3. 客户电气事故产生的主要类型有哪些？

4. 防止客户电气事故的措施有哪些？

5. 客户电气事故现场应收集哪些资料？

6. 简述客户电气事故调查的主要流程。

7. 试简述事故调查报告的主要内容。

第九章　安全用电相关知识和要求

第一节　电气安全运行要求

一、保证用电安全的基础要素

1. 电气绝缘

保持配电线路和电气设备的绝缘良好，是保证人身安全和电气设备正常运行的最基本要素。电气绝缘的性能是否良好，可通过测量其绝缘电阻、耐压强度、泄漏电流和介质损耗等参数来衡量。

2. 安全距离

电气安全距离，是指人体、物体等接近带电体而不发生危险的安全可靠距离。如带电体与地面之间、带电体与带电体之间、带电体与人体之间、带电体与其他设施和设备之间，均应保持一定距离。

3. 安全载流量

导体的安全载流量，是指允许持续通过导体内部的电流量。持续通过导体的电流如果超过安全载流量，导体的发热将超过允许值，导致绝缘损坏，甚至引起漏电和发生火灾。因此，根据导体的安全载流量确定导体截面和选择设备是十分重要的。

4. 安全标志

明显、准确、统一的标志是保证用电安全的重要因素。

二、安全技术方面对电气设备基本要求

电气事故统计资料表明，由于电气设备的结构有缺陷，安装质量不佳，不能满足安全要求而造成的事故所占比例很大。因此，为了确保人身和设备安全，在安全技术方面对电气设备有以下要求。

（1）对裸露于地面和人身容易触及的带电设备，应采取可靠的防护措施。

（2）设备的带电部分与地面及其他带电部分应保持一定的安全距离。

（3）易产生过电压的电力系统，应有避雷针、避雷线、避雷器、保护间隙等过程电压保护装置。

（4）低压电力系统应有接地、接零保护装置。

（5）对各种高压用电设备应采取装设高压熔断器和断路器等不同类型的保护措施；对低压用电设备应采用相应的低压电器保护措施进行保护。

（6）在电气设备的安装地点应设安全标志。

（7）根据某些电气设备的特性和要求，应采取特殊的安全措施。

第二节　人身触电及防护基本知识

一、触电事故的产生与原因

当接触带电部位或接近高压带电体时，因人体有电流通过而引起受伤或死亡的现象称触电，触电可分为电击和电伤。

（一）电击

电击指电流通过人体，刺激机体组织，使肌肉非自主地发生痉挛性收缩而造成的伤害，严重时会破坏人的心脏、肺部、神经系统的正常工作，是最危险的触电事故，触电死亡多数系电击所致。

1. 电流对人体伤害程度的影响因素

电击对人体的效应是由通过的电流决定的，而电流对人体的伤害程度是与通过人体电流的大小、频率、持续时间、通过途径及人体状况等多种因素有关。

一般来说，通过人体的电流越大，时间越长时危险也越大；电流流过心脏和大脑时最为危险；20～300Hz 的交流电（包括 50Hz 的工频电流）危害较大，而直流电和高频电流的危害相对稍小。

对于工频交流电，人体流过 1mA 左右电流，就会有麻刺感觉；流过 10mA 的电流，就会产生痉挛剧痛，但可摆脱带电体；电流达到 30mA，便会产生麻痹、血压升高、呼吸困难等症状，已不能自主摆脱电源；电流达 50mA 以上，就有可能引起心室纤维性颤动而致命。

2. 电击分类

电击又可分为直接电击和间接电击。发生电击时，所触及的带电体为正常运行的带电体时，称为直接接触电击。而当电气设备发生事故（例如绝缘损坏，造成设备外壳意外带电的情况下），人体触及意外带电体所发生的电击称为间接接触电击。

按照人体触及带电体的方式，电击可分为以下几种情况。

（1）单相触电，如图 9-1 所示。这是指人体接触到地面或其他接地导体的同时，人体另一部位触及某一相带电体所引起的电击。根据国内外的统计资料，单相触电事故占全部触电事故的 70% 以上。因此，防止触电事故的技术措施应将单相触电作为重点。

（2）两相触电，如图 9-2 所示。这是指人体的两个部位同时触及两相带电体所引起的电击。在此情况下，人体所承受的电压为三相系统中的线电压，因电压相对较大，其危险性也较大。

（3）跨步电压触电，如图 9-3 所示。这是指站立或行走的人体，受到出现于人体两脚之间的电压，即跨步电压作用所引起的电击。跨步电压是当带电体接地，电流自接地的带电体流入地下时，在接地点周围的土壤中产生的电压降形成的。

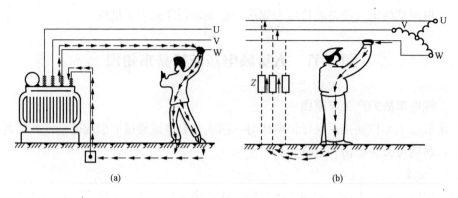

图 9 - 1　单相触电

（a）中性点直接接地系统的单相接地；（b）中性点不接地系统的单相接地

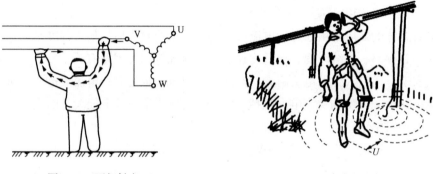

图 9 - 2　两相触电　　　　　　　　图 9 - 3　跨步电压触电

（二）电伤

电伤是指电流的热效应、化学效应、机械效应等对人体所造成的伤害。此伤害多见于机体的外部，往往在机体表面留下伤痕。能够形成电伤的电流通常比较大。电伤属于局部伤害，其危险程度决定于受伤面积、受伤深度、受伤部位等。

电伤包括电烧伤、电烙印、皮肤金属化、机械损伤、电光眼等多种伤害。

1. 电烧伤

电烧伤是最为常见的电伤，大部分触电事故都含有电烧伤成分。电烧伤可分为电流灼伤和电弧烧伤。

电流灼伤是人体同带电体接触，电流通过人体时，因电能转换成的热能引起的伤害。由于人体与带电体的接触面积一般都不大，且皮肤电阻又比较高，因而产生在皮肤与带电体接触部位的热量就较多，因此，使皮肤受到比体内严重得多的灼伤。数百毫安的电流即可造成灼伤，数安的电流则会形成严重的灼伤。

电弧烧伤是由弧光放电造成的烧伤。弧光放电时电流很大，能量也很大，电弧温度高达数千摄氏度，可造成大面积的深度烧伤，严重时能将机体组织烘干、烧焦。

2. 电烙印

电烙印是电流通过人体后，在皮肤表面接触部位留下与接触带电体形状相似的斑痕，如同烙印。斑痕处皮肤呈现硬变，表层坏死，失去知觉。

3. 皮肤金属化

皮肤金属化是由高温电弧使周围金属熔化、蒸发并飞溅渗透到皮肤表层内部所造成的。受伤部位呈现粗糙、张紧。

4. 机械损伤

机械损伤多数是由于电流作用于人体，使肌肉产生非自主的剧烈收缩所造成的。其损伤包括肌腱、皮肤、血管、神经组织断裂以及关节脱位乃至骨折等。

5. 电光眼

电光眼的表现为角膜和结膜发炎。弧光放电时辐射的红外线、可见光、紫外线都会损伤眼睛。在短暂照射的情况下，引起电光眼的主要原因是紫外线。

（三）触电事故的原因和规律

1. 触电事故原因

（1）电气线路或设备安装不良、绝缘损坏、维护不利，当人体接触绝缘损坏的导线或漏电设备时，发生触电。

（2）非电气人员缺乏电气常识而进行电气作业，乱拉乱接、错误接线，造成触电。

（3）用电人员或电气工作人员违反操作规程。缺乏安全意识，思想麻痹，导致触电。

（4）电器产品质量低劣导致触电事故发生。

（5）偶然因素如大风刮断电线而落在人身上、误入有跨步电压的区域等。

2. 触电事故的分布规律

大量的统计资料表明，触电事故的分布是具有规律性的。触电事故的分布规律为制定安全措施，最大限度地减少触电事故发生率提供了有效依据。根据国内外的触电事故统计资料分析，触电事故的分布具有如下规律。

（1）触电事故季节性明显。一年之中，6～9月份比较集中。这段时间潮湿多雨，电气设备的绝缘性能有所降低。再有，这段时间许多地区处于农忙季节，用电量增加，农村触电事故也随之增加。

（2）低压设备触电事故多。低压触电事故远多于高压触电事故，其原因主要是低压设备远多于高压设备，而且，缺乏电气安全知识的人员与低压设备接触较多。

（3）携带式设备和移动式设备触电事故多。这主要是因为这些设备经常移动，工作条件较差，容易发生故障。另外，在使用时需用手紧握进行操作。

（4）电气连接部位触电事故多。在电气连接部位机械牢固性较差，电气可靠性较低，是电气系统的薄弱环节，易出现故障。

（5）农村触电事故多。这主要是因为农村用电条件较差，设备简陋，技术水平低，管理不严，操作人员电气安全知识缺乏等。

（6）冶金、矿业、建筑、机械行业触电事故多。这些行业存在工作现场环境复杂、潮湿、高温，移动式设备和携带式设备多，现场金属设备多等不利因素，故触电事故相对多。

（7）误操作事故多。这主要是由于防止误操作的技术措施和管理措施不完备造成的。

触电事故的分布规律并不是一成不变的，在一定的条件下也会发生变化。例如，对电气操作人员来说，高压触电事故反而比低压触电事故多。而且，通过在低压系统推广漏电保护装置，使低压触电事故大大降低，也会使低压触电事故与高压触电事故的比例发生变化。

二、触电事故的防护

（一）绝缘防护

绝缘是最基本、最普通的防护措施之一。绝缘材料的品种很多，一般分为气体绝缘材料（常用的有空气、氮、氢、二氧化碳和六氟化硫等）、液体绝缘材料（常用的有从石油原油中提炼出来的绝缘矿物油，十二烷基苯、聚丁二烯、硅油和三氯联苯等合成油以及蓖麻油）、固体绝缘材料（常用的有树脂绝缘漆，纸、纸板等绝缘纤维制品，漆布、漆管和绑扎带等绝缘浸渍纤维制品，绝缘云母制品，电工用薄膜、复合制品和粘带，电工用层压制品，电工用塑料和橡胶、玻璃、陶瓷等）。

绝缘材料的绝缘性能与温度有密切的关系。温度越高，绝缘材料的绝缘性能越差。为保证绝缘强度，每种绝缘材料都有一个适当的最高允许工作温度，在此温度以下，可以长期安全地使用，超过这个温度就会迅速老化。按照耐热程度，把绝缘材料分为 Y、A、E、B、F、H、C 等级别。例如 A 级绝缘材料的最高允许工作温度为 $105^{\circ}C$，一般使用的配电变压器、电动机中的绝缘材料大多属于 A 级。

绝缘材料在强电场或高压作用下会发生电击穿而丧失绝缘性能，在腐蚀性气体、蒸气、潮气、粉尘或机械损伤下会降低绝缘性或导致绝缘被破坏；在正常工作下因受到温度、气候、时间的长期影响会逐渐"老化"而失去绝缘性能。

绝缘材料的性能用绝缘电阻、击穿强度、泄漏电流和介质损耗等指标来衡量，其中绝缘电阻是最基本的绝缘性能指标。不同线路或设备对绝缘电阻的要求不同。线路每伏工作电压绝缘电阻不小于 1000Ω；低压设备绝缘电阻不小于 $0.5M\Omega$；移动式设备或手持电动工具不小于 $2M\Omega$；双重绝缘设备（Ⅱ类设备）绝缘电阻不小于 $7M\Omega$。

测量绝缘电阻的方法是采用绝缘电阻表，以前也称摇表。应当根据被测对象的额定电压等级来选择不同电压的绝缘电阻表进行测量。

（二）屏护和间距

屏护和间距是最为常用的电气安全措施之一。从防止电击的角度而言，屏护和间距属于防止直接接触的安全措施。此外，屏护和间距还是防止短路、故障接地等电气事故的安全措施之一。

1. 屏护

屏护是采用遮栏、栅栏、护罩、护盖和箱匣将电气装置的带电体同外界隔绝开来，以防止人体触及或接近带电体所引起的触电事故。屏护还起到防止电弧伤人，防止弧光短路或便利检修工作的作用。

（1）屏护种类及应用。屏护可分为屏蔽和障碍（或称阻挡物），两者的区别在于：后者只能防止人体无意识触及或接近带电体，而不能防止有意识移开、绕过或翻越该障碍触及或接近带电体。从这点来说，前者属于一种完全的防护，而后者是一种不完全的防护。

屏护装置的种类又有永久性屏护装置和临时性屏护装置之分，前者如配电装置的遮栏、开关的罩盖等；后者如检修工作中使用的临时屏护装置和临时设备的屏护装置等。

屏护装置还可分为固定屏护装置和移动屏护装置，如母线的护网就属于固定屏护装置；而跟随天车移动的天车滑线屏护装置就属于移动屏护装置。

（2）屏护装置的安全条件。屏护装置应保证完好，安装牢固，根据环境分别具有防水、防雨、防火等安全措施。金属屏护装置为防止带电还应可靠接地或接零。

屏护装置应有足够的尺寸，与带电体之间应保持必要的距离。遮栏高度不应低于1.7m，下部边缘离地不应超过0.1m。网眼遮栏与带电体之间的距离不应小于表9-1所示的距离。栅栏的高度户内不应小于1.2m，户外不应小于1.5m，栏条间距离不应大于0.2m。对于低压设备，遮栏与裸导体之间的距离不应小于0.8m。户外变配电装置围墙的高度一般不应小于2.5m。

遮栏、栅栏等屏护装置上应有"止步，高压危险！"等标志。

必要时应配合采用声光报警信号和联锁装置。

表9-1　　　　　　　　　　　网眼遮栏与带电体之间的距离

额定电压（kV）	<1	10	20～35
最小距离（m）	0.15	0.35	0.6

2. 间距

间距又称安全距离，是指带电体与地面之间，带电体与其他设备和设施之间，带电体与带电体之间必要的安全距离。

不同电压等级、不同设备类型、不同安装方式、不同的周围环境所要求的间距不同。

（1）线路间距。架空线路导线在弛度最大时与地面或水面的距离不应小于表9-2所示的距离。

表9-2　　　　　　　　　　　导线与地面或水面的最小距离　　　　　　　　　　（m）

线 路 经 过 地 区	线 路 电 压	
	<1kV	1～10kV
居民区	6	6.5
非居民区	5	5.5
不能通航或浮运的河、湖（冬季水面）	5	5

续表

线 路 经 过 地 区	线 路 电 压	
	<1kV	1～10kV
不能通航或浮运的河、湖（50年一遇的洪水水面）	3	3
交通困难地区	4	4.5
步行可以达到的山坡	3	4.5
步行不能达到的山坡、峭壁或岩石	1	1.5

　　在未经相关管理部门许可的情况下，架空线路不得跨越建筑物。架空线路与有爆炸、火灾危险的厂房之间应保持必要的防火间距，且不应跨越具有可燃材料屋顶的建筑物。架空线路导线与建筑物的最小距离见表9-3。

　　架空线路导线与街道树木、厂区树木的最小距离见表9-4，架空线路导线与绿化区树木、公园的树木的最小距离为3m。

表9-3　导线与建筑物的最小距离

线路电压（kV）	<1	10
垂直距离（m）	2.5	3.0
水平距离（m）	1.0	1.5

表9-4　导线与树木的最小距离

线路电压（kV）	<1	10
垂直距离（m）	1.0	1.5
水平距离（m）	1.0	2.0

　　架空线路导线与铁路、道路、通航河流、电气线路及管道等设施之间的最小距离见表9-5。表9-5中：特殊管道指的是输送易燃易爆介质的管道；各项中的水平距离在开阔地区不应小于电杆的高度。

表9-5　　　　　　　　架空线路与工业设施的最小距离　　　　　　　　（m）

项　　目				线路电压	
				<1kV	10kV
铁路	标准轨距	垂直距离	至钢轨顶面	7.5	7.5
			至承力索接触线	3.0	3.0
		水平距离	电杆外缘至轨道中心 交叉	5.0	
			电杆外缘至轨道中心 交叉	杆加高3.0	
	窄轨	垂直距离	至钢轨顶面	6.0	6.0
			至承力索接触线	3.0	3.0
		水平距离	电杆外缘至轨道中心 交叉	5.0	
			电杆外缘至轨道中心 交叉	杆加高3.0	
道路		垂直距离		6.0	7.0
		水平距离（电杆至道路边缘）		0.5	0.5

续表

项　　目			线路电压	
			＜1kV	10kV
通航河流	垂直距离	至50年一遇的洪水位	6.0	6.0
		至最高航行水位的最高桅顶	1.0	1.5
	水平距离	边导线至河岸上缘	最高杆（塔）高	
弱电线路	垂直距离		6.0	7.0
	水平距离（两线路边导线间）		0.5	0.5
电力线路	＜1kV	垂直距离	1.0	2.0
		水平距离（两线路边导线间）	2.5	2.5
	10kV	垂直距离	2.0	2.0
		水平距离（两线路边导线间）	2.5	2.5
特殊管道	垂直距离	电力线路在上方	1.5	3.0
		电力线路在下方	1.5	—
	水平距离（边导线至管道）		1.5	2.0

同杆架设不同种类、不同电压的电气线路时，电力线路应位于弱电线路的上方，高压线路应位于低压线路的上方。横担之间的最小垂直距离见表9-6。

表9-6　　　　　　　　　　同杆架设线路横担之间的最小垂直距离　　　　　　　　　（m）

导线排列	直线杆	分支杆和转角杆
10kV与10kV	0.8	0.45/0.6
10kV与低压	1.2	1.0
低压与低压	0.6	0.3
10kV与通信电缆	2.5	—
低压与通信电缆	1.5	—

从配电线路到用户进线处第一个支持点之间的一段导线称为接户线。10kV接户线对地距离不应小于4.5m；低压接户线对地距离不应小于2.75m。低压接户线跨越通车街道时对地距离不应小于6m；跨越通车困难的街道或人行道时，对地距离不应小于3.5m。

从接户线引入室内的一段导线称为进户线。进户线的进户管口与接户线端头之间的垂直距离不应大于0.5m；进户线对地距离不应小于2.7m。

户内低压线路与工业管道和工艺设备之间的最小距离见表9-7。表中无括号的数字为电缆管线在管道上方的数据，有括号的数字为电缆管线在管道下方的数据。电缆管线应尽可能敷设在热力管道的下方。当现场的实际情况无法满足表9-7所规定距离时，应采取包隔热层，对交叉处的裸导线外加保护网或保护罩等措施。

表 9 - 7　　　　　户内低压线路与工业管道和工艺设备之间的最小距离　　　　　（mm）

布线方式		穿金属管导线	电缆	明设绝缘导线	裸导线	起重机滑触线	配电设备
煤气管	平行	100	500	1000	1000	1500	1500
	交叉	100	300	300	500	500	—
乙炔管	平行	100	1000	1000	2000	3000	3000
	交叉	100	500	500	500	500	—
氧气管	平行	100	500	500	1000	1500	1500
	交叉	100	300	300	500	500	—
蒸气管	平行	1000（500）	1000（500）	1000（300）	1000	1000	500
	交叉	300	300	300	500	500	—
暖热水管	平行	300（200）	500	300（200）	1000	1000	100
	交叉	100	100	100	500	500	—
通风管	平行	—	200	200	1000	1000	100
	交叉	—	100	100	500	500	—
上下水管	平行	—	200	200	1000	1000	100
	交叉	—	100	100	500	500	—
压缩空气管	平行	—	200	200	1000	1000	100
	交叉	—	100	100	500	500	—
工艺设	平行	—	—	—	1500	1500	100
	交叉	—	—	—	1500	1500	—

　　直埋电缆埋设深度不应小于0.7m，并应位于冻土层之下。直埋电缆与工艺设备的最小距离见表9-8。当电缆与热力管道接近时，电缆周围土壤温升不应超过10℃，超过时，须进行隔热处理。表9-8中的最小距离对采用穿管保护时，应从保护管的外壁算起。

表 9 - 8　　　　　　　　直埋电缆与工艺设备的最小距离　　　　　　　　（m）

敷 设 条 件	平行敷设	交叉敷设
与电杆或建筑物地下基础之间，控制电缆与控制电缆之间	0.6	—
10kV以下的电力电缆之间或控制电缆之间	1.0	0.5
10～35kV的电力电缆之间或其他电缆之间	0.25	0.5
不同部门的电缆（包括通信电缆）之间	0.5	0.5
与热力管沟之间	2.0	0.5
与可燃气体、可燃液体管道之间	1.0	0.5

续表

敷 设 条 件	平行敷设	交叉敷设
与水管、压缩空气管道之间	0.5	0.5
与道路之间	1.5	1.0
与普通铁路路轨之间	3.0	1.0
与直流电气化铁路路轨之间	10.0	—

（2）用电设备间距。明装的车间低压配电箱底口的高度可取 1.2m，暗装的可取 1.4m。明装电能表板底距地面的高度可取 1.8m。

常用开关电器的安装高度为 1.3～1.5m，开关手柄与建筑物之间保留 150mm 的距离，以便于操作。墙用平开关，离地面高度可取 1.4m。明装插座离地面高度可取 1.3～1.8m，暗装的可取 0.2～0.3m。

户内灯具高度应大于 2.5m，受实际条件约束达不到时，可减为 2.2m，低于 2.2m 时，应采取适当安全措施。当灯具位于桌面上方等人碰不到的地方时，高度可减为 1.5m。户外灯具高度应大于 3m；安装在墙上时可减为 2.5m。

起重机具至线路导线间的最小距离，1kV 及 1kV 以下者不应小于 1.5m，10kV 者不应小于 2m。

（3）检修间距。低压操作时，人体及其所携带工具与带电体之间的距离不得小于 0.1m。

高压作业时，各种作业类别所要求的最小距离见表 9-9。

表 9-9　　　　　高压作业的最小距离　　　　　（m）

类 别	电压等级 10kV
无遮栏作业，人体及其所携带工具与带电体之间[1]	0.7
无遮栏作业，人体及其所携带工具与带电体之间，用绝缘杆操作	0.4
线路作业，人体及其所携带工具与带电体之间[2]	1.0
带电水冲洗，小型喷嘴与带电体之间	0.4
喷灯或气焊火焰与带电体之间[3]	1.5

[1]　距离不足时，应装设临时遮栏；

[2]　距离不足时，邻近线路应当停电；

[3]　火焰不应喷向带电体。

（三）安全标志

安全标志是保证安全用电的一项重要的防护措施。

标志牌包括文字、图形及安全色，可分禁止、允许和警告三类。禁止类标示牌如"禁止合闸，有人工作"等，在停电工作场所悬挂在电源开关设备的操作手柄上，以防止发生误合闸送电事故。允许类标示牌如"在此工作","从此上下"等，悬挂在工作场所的临时入口或上下通道外，表示安全和允许。警告类标示牌如"止步，高压危险！"、"禁止攀登、高压危险"等，悬挂在遮栏、过道等处，告诫人们不得跨越，以免发生危险。

安全色用不同颜色表示不同意义，使人们能够迅速注意或识别。红色表示禁止、停止和消防；黄色表示警告、注意，如"当心触电"；蓝色表示强制执行，如"必须戴安全帽"；绿色表示安全、工作、运行等意义，如"已接地"。

（四）安全电压

对于工作人员需要经常接触的电气设备，潮湿环境和特别潮湿环境或触电危险性较大的场所，当绝缘等保护措施不足以保证人身安全，又无特殊安全装置和其他安全措施时，为确保工作人员的安全，必须采用安全电压。

我国规定工频电压有效值的额定值有 42、36、24、12V 和 6V。特别危险环境中使用的手持电动工具应采用 42V 安全电压，有电击危险环境中使用的手持照明灯和局部照明灯应采用 36V 或 24V 安全电压，金属容器内、特别潮湿处等特别危险环境中使用的手持照明灯应采用 12V 安全电压。水下作业等场所应采用 6V 安全电压。

安全电压必须由双绕组变压器获得。用自耦变压器、降压电阻等手段获得的低电压不可认为是安全电压。

（五）短路保护

当线路或设备发生短路时，短路电流会使线路或设备烧坏，容易引发电气火灾，同时也会使设备带上危险电压而导致触电事故。为此，线路上装设了熔断器，作为短路保护装置。

为使保护安全可靠，应该正确选择熔体的额定电流，若选择不当，熔断器就会发生误熔断、不熔断或熔断时间过长，起不到保护作用，对于电炉、照明等负载的保护，熔体额定电流应稍大于线路负载的额定电流，此时熔断器兼做过载保护；对于单台电动机负载的短路保护，因考虑到启动时电流较大，为避免熔断器误熔断，熔体的额定电流应选择电动机额定电流的 1.5~2.5 倍；对多台电动机同时保护，熔体的额定电流应等于其中最大一台容量电机额定电流的 1.5~2.5 倍再加上其余电动机额定电流的总和。

熔断器熔断后，必须查明原因并排除故障后方可更换，更换时不得随意变动规格型号，不得使用未注明额定电流的熔体，不得用两股以上熔丝绞合使用，因为这样可能在正常时烧断其中一股，在发生短路时也可能只烧断其中一股，其他几股则会陆续烧断，起不到应有的保护作用。严禁用铜丝或铁丝代替。除容量较小的照明线路外，更换熔体时一般应在停电后进行。

（六）保护接地

当电气设备或线路绝缘损坏时，电气设备或装置的金属外壳带电而危及人身的安全。为避免触电事故的发生，将电气设备不带电的金属外壳与大地做电气连接，这种保护称接地保护，如图 9-4 所示，接地保护是安全防护技术的主要措施之一。

在中性点不接地的电网中，若设备某相绝缘损坏，当人体接触设备金属外壳时，漏电流从电源经人体、大地、线路对地绝缘阻抗回到电源。当线路对地绝缘良好时，因阻抗值较大，使外壳对地电压及漏电流都较小，一般不会发生危险；而线路对地绝缘下降时，则漏电设备外壳对地电压升高，有可能致人触电。

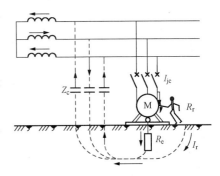

图 9-4 保护接地原理图

如果设备进行可靠的接地，且接地电阻较小，就可以将漏电设备的对地电压限制在安全范围内。因接地电阻与人体电阻是并联的，且人体电阻远大于接地电阻，因接地电阻的分流作用，使漏电流绝大部分接地装置流入大地，流过人体的漏电流大为降低，从而保证了人身的安全。

在低压供电系统中，一般规定接地电阻不大于 4Ω，可满足保护要求。当容量在 100kVA 以下的小容量电路中时，接地电阻规定不大于 10Ω。

（七）保护接零

大部分供电系统都是采用中性点直接接地系统即接地电网，接地电网中若电气设备某相碰壳则使外壳对地电压达到相电压，当人体触及设备外壳时比不接地电网的触电危险性更大。

若采用保护接地，设备漏电时，因电流流过设备接地电阻、系统的工作接地电阻形成回路。此时设备外壳电压比不接地有所降低，但不能降低在安全范围内，仍有触电危险。因此采用保护接地不足以保证安全，故接地电网中的设备应采用保护接零。

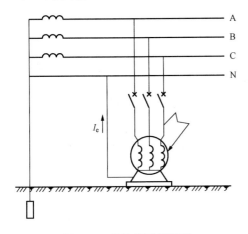

图 9-5 保护接零原理图

保护接零是将设备不带电的金属外壳或金属构架与供电系统中的中性线连接，如图 9-5 当某一相线触及外壳时相线通过外壳、接中性线与中性线形成单相短路，短路电流促使线路上的短路保护装置迅速动作，消除触电危险。

（八）漏电保护

漏电保护器是一种防止人身触电事故的电气安全防护装置，当发生漏电或触电时，它能够自动切断电源，实践证明，推广使用漏电保护器以后，触电事故大幅度降低，在提高安全用电水平方面，漏电保护器起到十分重要的作用。

漏电保护大多采用电流型漏电保护器，它是由零序电流互感器、脱扣机构及主开关等部件组成。正常时，零序电流互感器的环形铁芯所包围的电流的相量和为零，在铁芯中产生的磁通的相量和也为零，因此互感器二次绕组没有感应电动势产生，漏电保护器保持正常供电状态。当有人触电或发生其他故障而有漏电电流入地时，将破坏上述平衡状态，铁芯中将产生磁通，互感器二次将产生感应电动势和感应电流。当触电或故障达危险程度时，感应电流将足够大，通过脱扣器使主开关动作，切断电源，避免触电事故的发生。

第三节 电气安全用具

一、安全工器具概述

在电力生产工作过程中，从事不同的工作和进行不同的操作，经常要使用不同的安全工器具，以免发生人身和设备事故，如触电、高空坠落、电弧灼伤等。电力生产过程中常用的安全工器具可分为绝缘安全工器具和防护安全工器具两类。

1. 绝缘安全工器具

绝缘安全工器具又分为基本安全工器具和辅助安全工器具。

基本安全工器具是指绝缘强度大，能长时间承受工作电压的安全工器具，它一般用于直接操作带电设备或接触带电体进行某些特定的工作。属于这一类的安全工器具，一般包括绝缘杆、高压验电器、绝缘挡板等。

辅助安全工器具是指那些绝缘强度不足以承受电气设备或导体的工作电压，只能用于加强基本安全工器具的保安作用。属于这一类的安全工器具一般指绝缘手套、绝缘靴、绝缘鞋、绝缘垫、绝缘台等。辅助安全工器具不能直接接触电气设备的带电部分，一般用来防止设备外壳带电时的接触电压，高压接地时跨步电压等异常情况下对人身产生的伤害。

2. 安全防护用具

安全防护用具是指那些本身没有绝缘性能，但可以保护工作人员不发生伤害的用具，如接地线、安全帽、护目镜等。此外，登高用的梯子、踏板、安全带等也属于安全防护用具。

二、基本安全工器具的使用

（一）绝缘操作杆、绝缘棒

绝缘杆主要用来接通或断开跌落绝缘子开关、隔离开关。绝缘棒主要用于安装和拆除临时接地线以及带电测量和试验等工作。

绝缘操作杆、绝缘棒由工作部分、绝缘部分和握手部分组成。工作部分一般由金属或具有较大机械强度的绝缘材料制成，一般不宜过长，在满足工作需要的情况下，长度不宜超过 $5\sim8mm$，以免过长时操作发生相间或接地短路。绝缘部分和握手部分一般是由环氧树脂管制成，绝缘杆的杆身要求光洁、无裂纹或损伤，其长度根据工作需要、电压等级和使用场所而定。

1. 使用和保管

（1）使用绝缘杆、棒时，操作人应戴绝缘手套。

（2）下雨天用绝缘杆、棒在高压回路上工作，还应使用带防雨罩的绝缘杆。

（3）使用绝缘杆、棒工作时，操作人应选择好合适的站立位置，保证工作对象在移动过程中与相临带电体保持足够的安全距离。

（4）使用绝缘棒装拆地线等较重的物体时，应注意绝缘杆受力角度，以免绝缘杆损坏或绝缘杆所挑物件失控落下，造成人员和设备损伤。

（5）用绝缘杆、棒前，应首先检查试验合格标志，超期禁止使用；然后检查其外表干净、干燥、无明显损伤，不应沾有油物、水、泥等杂物。使用后要把绝缘杆清擦干净，存放在干燥的地方，以免受潮。

（6）绝缘杆、棒应保存在干燥的室内，并有固定的位置，不能与其他物品混杂存放。

2．检查与试验

（1）绝缘杆、棒每月外观检查一次，建立专用的外观检查记录本。

（2）使用前检查其表面无裂纹、机械损伤，连接部件使用灵活可靠。

（3）每年进行预防性试验。

（二）高压验电器

高压验电器是检验正常情况下带高电压的部位是否有电的一种专用安全工器具。

1．声光式验电器结构

声光式验电器由验电接触头、测试电路、电源、报警信号、试验开关等部分组成。

2．工作原理

验电接触头接触到被试部位后，被测试部分的电信号传送到测试电路，经测试电路判断，被测试部分有电时验电器发出音响和灯光闪烁信号报警，无电时没有任何信号指示。为检查指示器工作是否正常，设有一试验开关，按下后能发出音响和灯光信号，表示指示器工作正常。

3．使用方法及注意事项

（1）使用前，按被测设备的电压等级，选择同等电压等级的验电器。

（2）检查验电器绝缘杆外观完好，按下验电器头的试验按钮后声光指示正常（伸缩式绝缘杆要全部拉伸开检查）。其后操作人手握验电器护环以下的部位，不准超过护环，逐渐靠近被测设备，一旦同时有声光指示，即表明该设备有电，否则设备无电。

（3）在已停电设备上验电前，应先在同一电压等级的有电设备上试验，检查验电器指示正常。

（4）每次使用完毕，应收缩验电器杆身及时取下显示器，并将表面尘埃擦净后放入包装袋（盒），存放在干燥处。

（5）超过试验周期的验电器禁止使用。

（6）操作过程中操作人应按《电力安全工作规范》（以下简称《安规》）要求保持与带电体的安全距离。

（7）每年进行预防性试验。

（三）低压验电器

低压验电器又称试电笔或电笔，它的工作范围是在 $100 \sim 500V$ 之间，氖管灯光亮时表明被测电器或线路带电，也可以用来区分火（相）线和地（中性）线，此外还可用它区分交、直流电，当氖管灯泡两极附近都发亮时，被测体带交流电，当氖管灯泡一个电极发亮时，被测体带直流电。

使用方法及注意事项如下。

（1）使用时，手拿验电笔，用一个手指触及笔杆上的金属部分，金属笔尖顶端接触被检查的测试部位，如果氖管发亮则表明测试部位带电，并且氖管愈亮，说明电压愈高。

（2）低压验电笔在使用前要确知有电的地方进行试验，以证明验电笔确实工作正常。

（3）阳光照射下或光线强烈时，氖管发光指示不易看清，应注意观察或遮挡光线照射。

（4）验电时人体与大地绝缘良好时，被测体即使有电，氖管也可能不发光。

（5）低压验电笔只能在 $500V$ 以下使用，禁止在高压回路上使用。

（6）验电时要防止造成相间短路，以防电弧灼伤。

（四）绝缘夹钳

绝缘夹钳是用来安装和拆卸高、低压熔断器或执行其他类似工作的安全工具。

绝缘夹钳由工作钳口，绝缘部分是握手部分组成。

1. 使用和保管注意事项

（1）不允许用绝缘夹钳装地线，以免在操作时，由于接地线在空中摆动造成接地短路和触电事故。

（2）下雨天只能使用专用的防雨绝缘夹钳。

（3）操作人员工作时，应戴护目眼镜、绝缘手套、穿绝缘靴（鞋）或站在绝缘台（垫）上，手握绝缘夹钳要精力集中并保持身体平衡，同时注意保持人身各部位与带电部位的安全距离。

（4）夹钳要存放在专用的箱子或柜子里，以防受潮或损坏。

2. 试验与检查

绝缘夹钳应每年试验一次，其耐压标准按《安规》规定执行，并登记记录。

三、辅助安全工器具的使用

（一）绝缘手套

绝缘手套是在高压电气设备上进行操作时使用的辅助安全工器具，如用来操作高压隔离开关、高压跌落开关、装拆接地线、在高压回路上验电等工作。在低压交直流回路上带电工作，绝缘手套也可以作为基本用具使用。

绝缘手套用特殊橡胶制成，其试验耐压分为 $12kV$ 和 $5kV$ 两种，$12kV$ 绝缘手套可作为 $1kV$ 以上电压的辅助安全工器具及 $1kV$ 以下电压的基本安全工器具。$5kV$ 绝缘手套可作为 1kV 以下电压的辅助安全工器具，在 250V 以下时作为基本用具。

1. 使用及保管注意事项

（1）每次使用前应进行外部检查，查看表面有无损伤、磨损、破漏、划痕等。如有砂眼漏气情况，禁止使用。检查方法是，手套内部进入空气后，将手套朝手指方向卷曲，并保持密闭，当卷到一定程度时，内部空气因体积压缩压力增大，手指膨胀，细心观察有无漏气，漏气的绝缘手套不得使用。

（2）用绝缘手套，不能抓拿表面尖利、带电刺的物品，以免损伤绝缘手套。

（3）绝缘手套使用后应将沾在手套表面的脏污擦净、晾干。

（4）绝缘手套应存放在干燥、阴凉、通风的地方，并倒置在指形支架或存放在专用的柜内，绝缘手套上不得堆压任何物品。

（5）绝缘手套不准与油脂、溶剂接触、合格与不合格的手套不得混放一处，以免使用时造成混乱。

（6）每半年进行预防性试验。

2. 使用绝缘手套常见的错误

（1）不做漏气检查，不做外部检查。

（2）单手戴绝缘手套或有时戴有时不戴。

（3）把绝缘手套缠绕在隔离开关操作把手或绝缘杆上，手抓绝缘手套操作。

（4）手套表面严重脏污后不清擦。

（5）操作后乱放，也不做清抹。

（6）试验标签脱落或超过试验周期仍使用。

（二）绝缘靴

绝缘靴的作用是人体与地面保持绝缘，是高压操作时使用人用来与大地保持绝缘的辅助安全工器具，可以作为防跨步电压的基本安全工器具。

使用及保管注意事项如下。

（1）绝缘靴不得当作雨鞋或作他用，一般胶靴也不能代替绝缘靴使用。

（2）绝缘靴在每次使用前应进行外部检查，表面应无损伤、磨损、破漏、划痕等，有破漏、砂眼的绝缘靴禁止使用。

（3）存放在干燥、阴凉的专用柜内，其上不得放压任何物品。

（4）不得与油脂、溶剂接触，合格与不合格的绝缘靴不准混放，以免使用时拿错。

（5）每半年进行预防性试验。

（6）超试验期的绝缘靴禁止使用。

四、防护安全工器具的使用

为了保证电力工人在生产中的安全与健康，除在作业中使用基本安全工器具和辅助安全工器具以外，还必须使用必要的防护安全工器具，如安全带、安全帽、防毒用具、护目镜等，这些防护用具是防护现场作业人员高空坠落、物体打击、电弧灼伤及有毒气体中毒等伤害事故的有效措施，是其他安全工器具所不能取代的。

（一）安全带

安全带是高空作业人员预防高空坠落伤亡事故的防护用具，在高空从事安装、检修、施工等作业时，为预防作业人员从高空坠落，必须使用安全带予以保护。

安全带是由护腰带、围杆带（绳）、金属挂钩和保险绳组成。保险绳是高空作业时必备的人身安全保护用品，通常与安全带配合使用。常用的保险绳有 2、3、5m 三种。

1. 使用和保管注意事项

（1）每月进行一次外观检查，作好记录。

（2）每次使用前必须进行外观检查，凡发现破损、伤痕、金属配件变形、裂纹、销扣失灵、保险绳断股者，禁止使用。

（3）安全带应高挂低用或水平拴挂。高挂低用就是将安全带的保险绳挂在高处，人在下面工作。水平拴挂就是使用单腰带时，将安全带系在腰部，保险绳挂钩和带同一水平的位置，人和挂钩保持差不多等于绳长的距离，禁止低挂高用，并应将活梁卡子系好。

（4）安全带上的各种附件不得任意拆除或不用，更换新保险绳时要有加强套，安全带的正常使用期限为 3～5 年，发现损伤应提前报废换新。

（5）安全带使用和保存时，应避免接触高温、明火或酸等腐蚀性物质，避免与坚硬、锐利的物体混放。

（6）安全带可以放入温度较低的温水中，用肥皂、洗衣粉水轻轻擦洗，再用清水漂洗干净然后晾干，不允许浸入高温热水中，以及在阳光下曝晒或用火烤。

（7）每半年进行预防性试验。

2. 安全带常用的使用错误

（1）使用前不对安全带作外观检查。

（2）作业移位后忘记使用。

（3）安全带缺少附件或局部损伤。

（4）未经定期试验仍在使用。

（5）保险绳接触高温、明火或酸类、腐蚀性溶液物质，或有锐利尖角的物质。

（二）安全帽

安全帽是用来保护使用者头部或减缓外来物体冲击伤害的个人防护用品，在高空作业现场的人员，为防止工作时人员与工具器材及构架相互碰撞而头部受伤，或杆塔、构架上工作人员失落的工具、材料击伤地面人员，高空作业人员或配合人员都应戴安全帽。

1. 防护原理

（1）使冲击力传递分布在头盖骨的整个面积上，避免打击一点。

（2）头与帽顶的空间位置构成一个能量吸收系统，可起到缓冲作用，因此可减轻或避免伤害。

2. 安全帽结构

安全帽由帽壳、帽衬、下颚带、吸汗带、通气孔组成。

3. 使用安全帽注意事项

（1）使用完好无破损的安全帽。

（2）系紧下颚带，以防止工作过程中或外来物体打击时脱落。

（3）帽衬完好。帽衬破损后，一旦随意外打击时，帽衬失去或减少了吸收外部能量的作用，安全帽就不能很好的保护戴帽人。

（4）每隔两年半（30个月）进行破坏性试验。

（5）破损、有裂纹的安全帽应及时更换。

（6）玻璃钢安全帽的正常使用寿命为 4～5 年；塑料安全帽的正常使用寿命为 2.5～3年。

（三）升降板（踏板）

升降板是攀登水泥电杆的主要工具之一。其优点是适应性强，工作方便。不论电杆直径大小有否变化均适用，高空作业人员站立方便，减少疲劳。

1. 升降板结构

升降板由两条踏板、踏板连绳、吊绳（踏板绳）、金属挂钩组成。

2. 使用注意事项

（1）踏脚板木质无腐蚀、劈裂等。

（2）绳索无断股、松散。

（3）绳索同踏板固定牢固。

（4）金属绑扎线组件无损伤及变形。

（5）定期检查并有记录，未超期使用。

（6）每半年进行预防性试验。

（四）脚扣

脚扣是攀登水泥电杆的主要工具之一，用脚扣的半圆环和根部装有橡胶套或橡胶垫来防滑。

脚扣可根据电杆的粗细不同，选择大号或小号，使用脚扣登杆应经过训练，才能达到保护作用，使用不当也会发生人身伤亡事故。

（五）携带型接地线

当对高压设备进行停电检修或有其他工作时，为了防止检修设备突然来电或邻近带电高压设备产生的感应电压对工作人员造成伤害，需要装设接地线，停电设备上装设接地线还可以起到放尽剩余电荷的作用。

1. 携带型接地线结构组成

（1）线夹：起到接地线与设备的可靠连接作用。

（2）多股软铜线：应承受工作地点通过的最大短路电流，同时应有一定的机械强度，载面不得小于 $35mm^2$，多股软铜线套的透明塑料外套起保护作用。

（3）多股软铜线载面的选择应按接地线所用的系统短路容量而定，系统越大，短路电流越大，所选择的接地线载面也越大。

（4）接地端：起接地线与接地网的连接作用，一般是用螺丝紧固或接地棒。接地棒打入地下深度不得小于 0.6m。

2. 携带型接地线装拆顺序

装设接地线必须先接地端，后挂导体端，且必须接触良好，拆接地线必须先拆导体端，后拆接地端。

3. 使用和保管注意事项

（1）接地线的线卡或线夹应能与导体接触良好，并有足够的夹紧力，以防通过短路电流时，由于接触不良而熔断或因电动力的作用而脱落。

（2）检查接地铜线和三根短铜线的连接是否牢固。

（3）拆接地线必须由两人进行，装接地线之前必须验电，操作人要戴绝缘手套和使用绝缘杆。

（4）接地线每次使用前应进行详细检查，检查螺丝是否松脱，铜线有无断股，线夹是否好用等。

（5）接地线必须使用专用线夹固定在导线上，严禁用缠绕的方法进行接地或短路接线。

（6）每组接地线均应编号，并存放在专用工器具房（柜），对应位置编号存放。接地线号码与存放位置号码必须一致，以免发生误拆或漏拆接地线而造成事故。

（7）接地线在承受过一次短路电流后，一般应整体报废。

（8）每年进行工频耐压预防性试验

（9）每 5 年进行成组直流电阻试验。

（六）梯子

梯子是工作现场常用的登高工具，分为直梯和人字梯两种，直梯和人字梯又分为可伸缩型和固定长度型，一般用竹子、环氧树脂等高强绝缘材料制成。每半年进行静负荷预防性试验。

竹、木梯各构件所用的木质应符合 GB 50005—2003《木结构设计规范》的选材标准，梯子长度不应超过 5m，梯梁截面不小于 30～80mm。直梯踏板截面尺寸不小于 40～50mm，踏板间距在 275～300mm 之间，最下一个踏板宽度不小于 300mm，与两梯梁底端距离均为 275mm。

梯子的上、下端两脚应有胶皮套等防滑、耐用材料，人字梯应在中间绑扎两道防止自动滑开的防滑拉绳。

作业人员在梯子上正确的站立姿势是，一只脚踏在踏板上，另一条腿跨入踏板上部第三格的空挡中，脚钩着下一格踏板。

五、安全工器具的管理

安全工器具应有安全工器具管理制度，登记造册，实行编号、定位存放，定期预防性试验和外观检查，专人管理。

安全工器具应设专用的安全工器具室存放，并具备干燥、通风条件，安全工器具不应与其他用途的房间合用。对安全工器具的每月外观检查情况应记录在专用记录簿内。

班组的安全工器具可设专用的工具柜存放，绝缘工器具禁止与其他施工机具、材料混放。

安全工器具必须按规程规定进行定期试验或检查，对有问题的安全工器具能修复的应及时维修，不能修复的应及时更换补充，有问题或报废的安全工器具不准与正常使用的安全工器具混放。

第四节　安全用电技术措施

在全部停电或部分停电的电气设备上工作，必须完成停电、验电、装设接地线、悬挂标示牌和装设遮栏后，方能开始工作。上述安全措施由值班员实施，无值班人员的电气设备，由断开电源人执行，并应有监护人在场。

一、停电

工作地点必须停电的设备如下。

（1）待检修的设备。

（2）10kV 及以下带电设备与工作人员工作中正常活动范围的距离小于 0.35m。

（3）在 10kV 及以下的设备上进行工作，安全距离虽大于 0.35m，但小于 0.7m，同时又无安全遮栏设备。

（4）带电部分在工作人员后面或两侧无可靠安全措施的设备。

将检修设备停电，必须把各方面的电源完全断开（任何运行中的星形接线设备的中性点，必须视为带电设备）。必须拉开电闸，使各方面至少有一个明显的断开点，与停电设备有关的变压器和电压互感器，必须从高、低压两侧断开，防止向停电检修设备反送电。禁止在只经断路器断开电源的设备上工作，断开断路器和隔离开关的操作电源，隔离开关操作把手必须锁住。

二、验电

验电时，必须用电压等级合适而且合格的验电器。验电前，应先在有电设备上进行试验，以确认验电器良好，如果在木杆、木梯或木架上验电，不接地线不能指示者，可在验电器上接地线，但必须经值班负责人许可。

高压验电时，两人进行，一人监护，一人操作，操作人必须戴绝缘手套、穿绝缘鞋（靴）。

对线路的验电应逐相进行，对联络用的断路器或隔离开关或其他检修设备验电时，应在其进出线两侧各相分别验电。

对同杆塔架设的多层电力线路进行验电时，先验低压、后验高压、先验下层、后验上层。

在电容器组上验电，应待其放电完毕后再进行。

三、装设接地线

当验明确无电压后，应立即将检修设备接地并三相短路。这是保证工作人员在工作地点防止突然来电的可靠安全措施，同时设备断开部分的剩余电荷，亦可接地。

对于可能送电至停电设备的各部位或可能产生感应电压的停电设备都要装设接地线，所装接地线与带电部分应符合规定的安全距离。

装设接地线必须两人进行。若为单人值班，只允许使用接地隔离开关接地，或使用绝缘棒合接地隔离开关。装设接地线必须先接接地端，后接导体端，并应接触良好。拆接地线的顺序与此相反。装、拆接地线均应使用绝缘棒或戴绝缘手套。

接地线应用多股软裸铜线，其截面应符合短路电流的要求，但不得小于 $25mm^2$。接地线在每次装设以前应经过详细检查，损坏的接地线应及时修理或更换。禁止使用不符合规定的导线作接地或短路用。接地线必须用专用线夹固定在导体上，严禁用缠绕的方法进行接地或短路。

需要拆除全部或一部分接地线后才能进行的高压回路上的工作（如测量母线和电缆的绝缘电阻，检查断路器触头是否同时接触等）需经特别许可。拆除一相接地线、拆除接地线而保留短路线、将接地线全部拆除或拉开接地隔离开关等工作必须征得值班员的许可（根据调度命令装设的接地线，必须征得调度员的许可）。工作完毕后立即恢复。

四、悬挂标示牌和装设遮栏

在工作地点、施工设备和一经合闸即可送电到工作地点或施工设备的断路器和隔离开关的操作把手上，均应悬挂"禁止合闸，有人工作！"的标示牌。如果线路上有人工作，应在线路断路器和隔离开关操作把手上悬挂："禁止合闸，线路有人工作！"的标示牌。标示牌的悬挂和拆除，应按调度员的命令执行。

10kV 及以下部分停电的工作，安全距离小于 0.7m 的未停电设备，应装设临时遮栏，临时遮栏与带电部分的距离，不得小于 0.35m。临时遮栏可用干燥木材、橡胶或其他坚韧绝缘材料制成，装设应牢固，并悬挂"止步，高压危险！"的标示牌。如因特殊工作需要，临时遮栏可用绝缘挡板与带电部分直接接触。但此种挡板必须具有高度的绝缘性能，符合耐压试验要求。

在室内高压设备上工作，应在工作地点两旁间隔和对面间隔的遮栏上和禁止通行的过道上悬挂"止步，高压危险！"的标示牌。

在室外地面高压设备上工作，应在工作地点四周用绳子做好围栏，围栏上悬挂适当数量的"止步，高压危险！"的标示牌，标示牌必须朝向围栏里面。在工作地点悬挂"在此工作！"的标示牌。

在室外构架上工作，应在工作地点邻近带电部分的横梁上，悬挂"止步，高压危险！"的标示牌，此项标示牌在值班人员监护下，由工作人员悬挂。在工作人员上下用的铁架和梯子上，应悬挂"从此上下！"的标示牌，在邻近其他可能误登带电的构架上，应悬挂"禁止攀登，高压危险！"的标示牌。

严禁工作人员在工作中移动或拆除遮栏、接地线和标示牌。

第五节　电气防火防爆

火灾和爆炸事故往往是重大的人身伤亡和设备损坏事故。电气火灾和爆炸事故在火灾和爆炸事故中占有很大的比例，仅就电气火灾而言，不论是发生频率还是所造成的经济损失，在火灾中所占的比例都有上升的趋势。配电线路、高低压开关电器、熔断器、插座、照明器具、电动机、电热器具等电气设备均可能引起火灾。电力电容器、电力变压器、电力电缆、多油断路器等电气装置除可能引起火灾外，本身还可能发生爆炸。电气火灾火势凶猛，如不及时扑灭，势必迅速蔓延。电气火灾和爆炸事故除可能造成人身伤亡和设备损坏外，还可能造成大规模或长时间停电，给国家财产造成重大损失。

一、电气火灾的原因

电气火灾发生的原因是多种多样的，例如过载、短路、接触不良、电弧火花、漏电、雷电或静电等都能引起火灾。有的火灾是人为的，比如思想麻痹，疏忽大意，不遵守有关防火法规，违反操作规程等。从电气防火角度看，电气设备质量不高，安装使用不当，保养不良，雷击和静电是造成电气火灾的几个重要原因。

（一）电气设备安装使用不当

1. 过载

所谓过载，是指电气设备或导线的功率和电流超过了其额定值。造成过载的原因有以下几个方面。

（1）设计、安装时选型不正确，使电气设备的额定容量小于实际负载容量。

（2）设备或导线随意装接，增加负荷，造成超载运行。

（3）检修、维护不及时，使设备或导线长期处于"带病"运行状态。

电气设备或导线的绝缘材料，大都是可燃材料。属于有机绝缘材料的有油、纸、麻、丝和棉的纺织品、树脂、沥青、漆、塑料、橡胶等。只有少数属于无机材料，例如陶瓷、石棉和云母等是不易燃材料。过载使导体中的电能转变成热能，当导体和绝缘物局部过热，达到一定温度时，就会引起火灾。我国不乏这样的惨痛教训，如电线电缆上面的木装板被过载电流引燃，酿成商店、剧院和其他场所的巨大火灾。

2. 短路

短路是电气设备最严重的一种故障状态，产生短路的主要原因有以下几项。

（1）电气设备的选用和安装与使用环境不符，致使其绝缘体在高温、潮湿、酸碱环境条件下受到破坏。

（2）电气设备使用时间过长，超过使用寿命，绝缘老化发脆。

（3）使用维护不当，长期带病运行，扩大了故障范围。

（4）过电压使绝缘击穿。

（5）错误操作或把电源投向故障线路。

短路时，在短路点或导线连接松弛的电气接头处，会产生电弧或火花。电弧温度很高，可达 6000℃以上，不但可引燃它本身的绝缘材料，还可将它附近的可燃材料、蒸气和粉尘引燃。电弧还可能是由于接地装置不良或电气设备与接地装置间距过小，过电压时使空气击穿引起。切断或接通大电流电路时，或大截面熔断器爆断时，也能产生电弧。

3. 接触不良

接触不良主要发生在导线连接处，且原因有如下几种。

（1）电气接头表面污损，接触电阻增加。

（2）电气接头长期运行，产生导电不良的氧化膜，未及时清除。

（3）电气接头因振动或由于热的作用，使连接处发生松动。

（4）铜铝连接处，因有约 1.69V 电位差的存在，潮湿时会发生电解作用，使铝腐蚀，造成接触不良。

接触不良，会形成局部过热，形成潜在引燃源。

4. 烘烤

电热器具（如电炉、电熨斗等），照明灯泡，在正常通电的状态下，就相当于一个火源或高温热源。当其安装不当或长期通电无人监护管理时，就可能使附近的可燃物受高温而起火。

5. 摩擦

发电机和电动机等旋转型电气设备，轴承出现润滑不良，干枯产生干磨发热或虽润滑正常，但出现高速旋转时，都会引起火灾。

（二）雷电

雷电是在大气中产生的，雷云是大气电荷的载体，当雷云与地面建筑物或构筑物接近到一定距离时，雷云高电位就会把空气击穿放电，产生闪电、雷鸣现象。雷云电位可达 10～100MV，雷电流可达 50kA，若以 0.000 01s 的时间放电，其放电能量约为 107J（107W·s），这个能量约为使人致死或易燃易爆物质点火能量的 100 万倍，足可使人死亡或引起火灾。

雷电的危害类型除直击雷外，还有感应雷（含静电和电磁感应），雷电反击，雷电波的侵入和球形雷等。这些雷电危害形式的共同特点就是放电时总要伴随机械力、高温和强烈火花的产生。使建筑物破坏，输电线或电气设备损坏，油罐爆炸、堆场着火。

（三）静电

静电是物体中正负电荷处于静止状态下的电。随着静电电荷不断积聚而形成很高的电位，在一定条件下，则对金属物或地放电，产生有足够能量的强烈火花。此火花能使飞花麻絮、粉尘、可燃蒸气及易燃液体燃烧起火，甚至引起爆炸。

近 20 多年来，随着石油化工、塑料、橡胶、化纤、造纸、印刷、金属磨粉等工业的发展，静电火灾愈来愈受到人们的高度重视。

二、危险物质和危险环境

在大气条件下，气体、蒸气、薄雾、粉尘或纤维状的易燃物质与空气混合，点燃后燃烧能在整个范围内传播的混合物称为爆炸性混合物。能形成上述爆炸性混合物的物质称为爆炸危险物质。凡有爆炸性混合物出现或可能有爆炸性混合物出现，且出现的量足以要求对电气设备和电气线路的结构、安装、运行采取防爆措施的环境称为爆炸危险环境。

1. 爆炸危险物质类别

Ⅰ类：矿井甲烷；

Ⅱ类：爆炸性气体、蒸气、薄雾；

Ⅲ类：爆炸性粉尘、纤维。

2. 危险环境

为了正确选用电气设备、电气线路和各种防爆设施，必须正确划分所在环境危险区域的级别。

爆炸和火灾危险区域类别及其分区方法，是我国借鉴国际电工委员会（IEC）的标准，结合我国的实际情况划分的。它根据爆炸性环境易燃易爆物质在生产、储存、输送和使用过程中出现的物理和化学现象的不同，分为爆炸性气体环境危险区域和爆炸性粉尘环境危险区域两类。根据爆炸性环境，爆炸性混合物出现的频繁程度和持续时间的不同，又将爆炸危险区域分成五个不同危险程度的区。而火灾危险区域只有一类，但由于在这个区域内火灾危险物质的危险程度和物质状态不一样，又将其分成三个不同危险程度的区。

区可以是爆炸危险场所的全部，也可是其一部分。在这个区域内，如果爆炸性混合物的出现或预期可能出现的数量达到足以要求对电气设备的结构、安装和使用采取预防措施的程度，这样的区必须以爆炸性危险区域对待，进行防火防爆设计。爆炸和火灾危险区域类别及其分区，见表9-10、表9-11。

表9-10　　　　　　　　按爆炸性混合物出现的频繁程度和持续时间划分

爆炸性气体环境危险区域	0区	连续出现或长期出现爆炸性气体混合物的环境
	1区	在正常运行时，可能出现爆炸性气体温合物的环境
	2区	在正常运行时，不可能出现爆炸性气体混合物的环境，即使出现也仅是短时存在的爆炸性气体混合物的环境
爆炸性粉尘环境危险区域	10区	连续出现或长期出现爆炸性粉尘的环境
	11区	有时会将积留下的粉尘扬起而偶然出现爆炸性粉尘混合物的环境

表9-11　　　　　　　　按火灾事故发生的可能性和后果、危险程度及物质状态划分

火灾危险区域	21区	具有闪点高飞环境温度的可燃液体，在数量和配置上能引起火灾危险的环境
	22区	具有悬浮状、堆积状爆炸性或可燃性粉尘，虽不可能形成爆炸性混合物，但在数量和配置上能引起火灾危险的环境
	23区	具有固体状可燃物质，在数量和配置上能引起火灾危险的环境

三、防火防爆措施

电气火灾和爆炸的防护必须是综合性措施。它包括合理选用和正确安装电气设备及电气线路，保持电气设备和线路的正常运行，保证必要的防火间距，保持良好的通风，装设良好的保护装置等技术措施。

（一）防爆电气设备

火灾和爆炸危险环境使用的电气设备，结构上应能防止由于在使用中产生火花、电弧或危险温度而成为安装地点爆炸性混合物的引燃源。因此，火灾和爆炸危险环境使用的电气设备是否合理，直接关系到工矿企业的安全生产。

防爆电气设备选用的一般要求有以下五种。

（1）在进行爆炸性环境的电力设计时，应尽量把电气设备，特别是正常运行时发生火花的设备，布置在危险性较小或非爆炸性环境中。火灾危险环境中的表面温度较高的设备，应远离可燃物。

（2）在满足工艺生产及安全的前提下，应尽量减少防爆电气设备使用量。火灾危险环境下不宜使用电热器具，非用不可时应用非燃烧材料进行隔离。

（3）防爆电气设备应有防爆合格证。

（4）少用携带式电气设备。

（5）可在建筑上采取措施，把爆炸性环境限制在一定范围内，如采用隔墙法等。

（二）电气线路防爆

电气线路故障，可以引起火灾和爆炸事故。确保电气线路的设计和施工质量，是抑制火源产生、防止爆炸和火灾事故的重要措施。

1. 电气线路的敷设

电气线路一般应敷设在危险性较小的环境或远离存在易燃、易爆物释放源的地方，或沿建构筑物的墙外敷设。

2. 导线材质

对于爆炸危险环境的配线工程，应采用铜芯绝缘导线或电缆，而不用铝质的。因为铝线机械强度差，容易折断，需要进行过渡连接而加大接线盒，同时在连接技术上也难于控制以保证连接质量。况且铝线在被 90A 以上的电弧烧熔传爆时，其传爆间隙已接近规定的允许安全间隙，电流再大时就很不安全，铝比铜危险是显而易见的。

铜芯导线或电缆截面在 1 区为 2.5mm² 以上，2 区为 1.5mm² 以上。铝芯导线和电缆，由于使用面广，而且使用经验比较成熟，故在 2 区电力线路也可选用 4mm² 及以上的多股铝芯导线及 2.5mm² 以上的单股铝芯导线用于照明线路。

3. 电气线路的敷设与配线防爆

在爆炸危险环境当气体、蒸气比空气重时，电气线路应在高处敷设或埋入地下。架空敷设时宜用电缆桥架。电缆沟敷设时沟内应充砂，并宜设置有效的排水措施；当气体、蒸气比空气轻时，电气线路宜在较低处敷设或用电缆沟敷设。敷设电气线路的沟道，钢管或电缆，在穿过不同区域之间墙或楼板处的孔洞时，应用非燃性材料严密堵塞，以防爆炸性混合物气体或蒸气沿沟道、电缆管道流动。电缆沟通路可填砂切断。另外，为将爆炸性混合物或火焰切断，防止传播到管子的其他部分，引向电气设备接线端子的导线，其穿线钢管宜与接线箱保持 45cm。

4. 电气线路的连接

电气线路之间原则上不能直接连接。必须实行连接或封端时，应采用压接、熔焊或钎焊，确保接触良好，防止局部过热。线路与电气设备的连接，应采用适当的过渡接头，特别是铜铝相接时更应如此。

5. 导线允许载流量

绝缘电线和电缆的允许载流量不应小于熔断器熔体额定电流的 1.25 倍和自动开关长延时过电流脱扣器整定电流的 1.25 倍。引向电压为 1000V 以下鼠笼形感应电动机支线的长期允许载流量，不应小于电动机额定电流的 1.25 倍。只有满足这种配合关系，才能避免过载，防止短路时把电线烧坏或过热时形成火源。

（三）隔离和间距

隔离是将电气设备分室安装，并在隔墙上采取封堵措施，以防止爆炸性混合物进入。电动机隔墙传动时，应在轴与轴孔之间采取适当的密封措施；将工作时产生火花的开关设备装于危险环境范围以外（如墙外）；采用室外灯具通过玻璃窗给室内照明等都属于隔离措施。将普通拉线开关浸泡在绝缘油内运行，并使油面有一定高度，保持油的清洁；将普通日光灯装入高强度玻璃管内，并用橡皮塞严密堵塞两端等都属于简单的隔离措施。后者只用作临时性或爆炸危险性不大的环境的安全措施。

户内电压为 10kV 以上、总油量为 60kg 以下的充油设备，可安装在两侧有隔板的间隔内；总油量为 60~600kg 者，应安装在有防爆隔墙的间隔内；总油量为 600kg 以上者，应安装在单独的防爆间隔内。

10kV 及其以下的变、配电室不得设在爆炸危险环境的正上方或正下方，变电室与各级爆炸危险环境毗连，以及配电室与 1 区或 10 区爆炸危险环境毗连时，最多只能有两面相连的墙与危险环境共用。配电室与 2 区或 11 区爆炸危险环境毗连时，最多只能有三面相连的墙与危险环境共用。10kV 及其以下的变、配电室也不宜设在火灾危险环境的正上方或正下方，也可以与火灾危险环境隔墙毗连。配电室允许通过走廊或套间与火灾危险环境相通，但走廊或套间应由非燃性材料制成；而且除 23 区火灾危险环境外，门应有自动关闭装置。1000V 以下的配电室可以通过难燃材料制成的门与 2 区爆炸危险环境和火灾危险环境相通。

变、配电室与爆炸危险环境或火灾危险环境毗连时，隔墙应用非燃性材料制成。与 1 区和 10 区环境共用的隔墙上，不应有任何管子、沟道穿过；与 2 区或 11 区环境共用的隔墙上，只允许穿过与变、配电室有关的管子和沟道，孔洞、沟道应用非燃性材料严密堵塞。

毗连变、配电室的门及窗应向外开，并通向无爆炸或火灾危险的环境。

变、配电站是工业企业的动力枢纽，电气设备较多，而且有些设备工作时产生火花和较高温度，其防火、防爆要求比较严格。室外变、配电站与建筑物、堆场、储罐应保持规定的防火间距，且变压器油量越大，建筑物耐火等级越低及危险物品储量越大者，所要求的间距也越大，必要时可加防火墙。还应当注意，露天变、配电装置不应设置在易于沉积可燃粉尘或可燃纤维的地方。

为了防止电火花或危险温度引起火灾，开关、插销、熔断器、电热器具、照明器具、电焊设备和电动机等均应根据需要，适当避开易燃物或易燃建筑构件。起重机滑触线的下方不应堆放易燃物品。

10kV 及其以下架空线路，严禁跨越火灾和爆炸危险环境；当线路与火灾和爆炸危险环境接近时，其间水平距离一般不应小于杆柱高度的 1.5 倍；在特殊情况下，采取有效措施后允许适当减小距离。

（四）接地

为了防止电气设备带电部件发生接地产生电火花或危险温度而形成引爆源，对《电力设备接地设计技术规程》中规定在一般情况下可以不接地的部分，在爆炸危险区域内仍应接地。具体要求如下。

（1）在导电不良的地面处，交流额定电压为 380V 以下和直流额定电压为 440V 以下的电气设备正常时不带电的金属外壳。

（2）在干燥环境，交流额定电压为 127V 以下，直流电压为 110V 以下的电气设备正常时不带电的金属外壳。

（3）安装在已接地的金属结构上的电气设备。

（4）敷设铠装电缆的金属构架。

爆炸危险环境内，1 区、10 区内以及 2 区内除照明灯具以外的所有电气设备，应采用专门接地线，该接地线若与相线敷设在同一保护管内时，应具有与相线相等的绝缘。在这种情况下，爆炸危险环境的金属管线，电缆的金属包皮等，只能作为辅助接地线。

2 区、11 区内的照明灯具，可利用有可靠连接的金属管线系统作为接地线，但不得利用输送爆炸危险物质的管道。

为了提高接地的可靠性，接地干线宜在爆炸危险区域不同方向，不少于两处与接地体相连。

为了保证自动切断故障线段，在 1 区、2 区和 10 区内，具有中性点直接接地的电压为 1000V 以下的线路上，接地线的截面应使单相接地的最小短路电流不小于该段线路的熔断器熔体额定电流的 5 倍，或自动开关瞬时或短时过电流脱扣器整定电流的 1.5 倍；当有困难时，每回路装设单相接地保护装置。

（五）电气灭火

火灾发生后，电气设备和电气线路可能是带电的，如不注意，可能引起触电事故。根据现场条件，可以断电的应断电灭火；无法断电的则带电灭火。电力变压器、多油断

154

路器等电气设备充有大量的油，着火后可能发生喷油甚至爆炸事故，造成火焰蔓延，扩大火灾范围，这是必须加以注意的。

1. 触电危险和断电

电气设备或电气线路发生火灾，如果没有及时切断电源，扑救人员身体或所持器械可能接触带电部分而造成触电事故。使用导电的火灾剂，如水枪射出的直流水柱、泡沫灭火器射出的泡沫等射至带电部分，也可能造成触电事故。火灾发生后，电气设备可能因绝缘损坏而碰壳短路；电气线路可能因电线断落而接地短路，使正常时不带电的金属构架、地面等部位带电，也可能导致接触电压或跨步电压触电危险。

因此，发现起火后，首先要设法切断电源。切断电源应注意以下几点。

（1）火灾发生后，由于受潮和烟熏，开关设备绝缘能力降低，因此，拉闸时最好用绝缘工具操作。

（2）高压应先操作断路器而不应该先操作隔离开关切断电源，低压应先操作电磁启动器而不应该先操作断路器切断电源，以免引起弧光短路。

（3）切断电源的地点要选择适当，防止切断电源后影响灭火工作。

（4）剪断电线时，不同相的电线应在不同的部位剪断，以免造成短路。剪断空中的电线时，剪断位置应选择在电源方向的支持物附近，以防止电线剪后断落下来，造成接地短路和触电事故。

2. 带电灭火安全要求

有时，为了争取灭火时间，防止火灾扩大，来不及断电；或因灭火、生产等需要，不能断电，则需要带电灭火。带电灭火须注意以下几点。

（1）应按现场特点选择适当的灭火器。二氧化碳灭火器、干粉灭火器的灭火剂都是不导电的，可用于带电灭火。泡沫灭火器的灭火剂（水溶液）有一定的导电性，而且对电气设备的绝缘有影响，不宜用于带电灭火。

（2）用水枪灭火时宜采用喷雾水枪，这种水枪流过水柱的泄漏电流小，带电灭火比较安全。用普通直流水枪灭火时，为防止通过水柱的泄漏电流通过人体，可以将水枪喷嘴接地（即将水枪接入埋入接地体，或接向地面网络接地板，或接向粗铜线网络鞋套）；也可以让灭火人员穿戴绝缘手套、绝缘靴或穿戴均压服操作。

（3）人体与带电体之间保持必要的安全距离。用水灭火时，水枪喷嘴至带电体的距离：电压为 10kV 及其以下者不应小于 3m。用二氧化碳等有不导电灭火剂的灭火器灭火时，机体、喷嘴至带电体的最小距离：电压为 10kV 者不应小于 0.4m。

（4）对架空线路等空中设备进行灭火时，人体位置与带电体之间的仰角不应超过 45°。

3. 充油电气设备的灭火

充油电气设备的油，其闪点多在 130℃～140℃ 之间，有较大的危险性。如果只在该设备外部起火，可用二氧化碳、干粉灭火器带电灭火。如火势较大，应切断电源，并可用水灭火。如油箱破坏，喷油燃烧，火势很大时，除切断电源外，有事故储油坑的应设法将油放进储油坑，坑内和地面上的油火可用泡沫扑灭。要防止燃烧着的油流入电缆沟而顺沟蔓延，电缆沟内的油火只能用泡沫覆盖扑灭。

发电机和电动机等旋转电机起火时，为防止轴和轴承变形，可令其慢慢转动，用喷雾水灭火，并使其均匀冷却；也可用二氧化碳或蒸气灭火，但不宜用干粉、砂子或泥土灭火，以免损伤电气设备的绝缘。

第六节　典型案例分析

［案例一］未做好基本安全措施违章作业案例

电工王某未系安全腰带，不戴安全帽，只穿汗衫就上梯进行室外抢修接线工作，董某则在下监护。当王某先将内侧一根导线接头接好，未经绝缘包扎就去接外侧一根导线接，不慎右手手臂触及内侧裸露的接头引起触电，王某从竹梯上坠落，头部着地当场死亡。

原因分析如下。

（1）王某未穿戴好安全防护用品。

（2）王某没有逐相进行带电作业。

（3）监护人未尽职责。

（4）没有采取绝缘隔离措施。

［案例二］未做好技术措施违章作业案例

电工秦某和周某检修开水间日光灯，周某上人字梯换了启动器和灯管后等仍不亮，就叫秦某把灯开关分断，然后拆下灯脚，由于重心偏移将倒下时，左手一把拉住一根金属水管，而右手还掐住带电的灯脚引起触电，秦某见状立即跑去切断总电源，周某虽经现场抢救也无法复生。

原因分析如下。

（1）停电不彻底。

（2）相线没有接近单极灯开关。

（3）停电检修，停电后未验电。

［案例三］电气火灾事故案例

羊城晚报载，2012 年 4 月 9 日清晨 4 时 30，东莞建晖纸厂发生了一起特大火灾。据了解，这起火灾是近年来广东省规模最大的一次火灾，也是扑救难度最大、耗时最长、最为艰辛的一次火灾。有关部门先后调派广州、东莞、深圳、佛山、中山等消防力量，共投入 133 辆消防车、2 艘消防船、640 多名消防官兵参加扑救。从着火那一刻起到完全扑灭，共用了 6 天时间。

火灾原因也已初步查明，起火原因怀疑是地下电缆发生爆炸，引燃两个仓库的印刷用纸。电缆爆炸起火是因用电负荷过载所致。

◆ 思　考　题

1. 电气设备安全基本要求是什么?

2. 防止人身触电有哪些措施?

3. 安全工器具有哪些,如何使用和保管?

4. 安全用电有哪些技术措施?

5. 发生电气火灾时,如何进行灭火?

参 考 文 献

［1］国家电网公司人力资源部组编.国家电网公司生产技能人员职业能力培训专用教材　用电检查.北京：中国电力出版社，2010.

［2］中国南方电网市场交易部组编.用电检查员工作手册.北京：中国电力出版社，2008.

［3］李珞新，余建华.用电管理手册.北京：中国电力出版社，2006.

［4］祝小红.防窃电与反窃电工作手册.北京：中国电力出版社，2006.

［5］贵州电网公司组编.用电检查.北京：中国电力出版社，2012.